U0382039

梁纯生 著

海洋的
德性

中国社会科学出版社

图书在版编目（CIP）数据

海洋的德性 / 梁纯生著 . —北京：中国社会科学出版社，2018. 2
ISBN 978-7-5203-2138-9

Ⅰ . ①海…　Ⅱ . ①梁…　Ⅲ . ①海洋-伦理学-研究　Ⅳ . ①P7-05

中国版本图书馆 CIP 数据核字（2018）第 037784 号

出 版 人	赵剑英
责任编辑	曲弘梅
责任校对	夏慧萍
责任印制	戴　宽

出　　版	中国社会科学出版社
社　　址	北京鼓楼西大街甲 158 号
邮　　编	100720
网　　址	http：//www.csspw.cn
发 行 部	010-84083685
门 市 部	010-84029450
经　　销	新华书店及其他书店

印刷装订	北京君升印刷有限公司
版　　次	2018 年 2 月第 1 版
印　　次	2018 年 2 月第 1 次印刷

开　　本	880×1230　1/32
印　　张	7
插　　页	2
字　　数	110 千字
定　　价	39. 00 元

自　序

　　不知幸或不幸，我学的专业是哲学。比方说，有人就断言"悬案"是科学的耻辱、哲学的荣耀，听起来好像学哲学的人既挺好事儿又无能一样。

　　事实上，从事哲学研究的人，应该大多如同身处巨大迷宫的行者，脸上带着若有所思的神情，每转一个弯儿，就会恍然大悟地点点头，然后写出一篇论文或一本书。有的行者自恃聪慧，索性在迷宫之内又建立一个迷宫，并宣称这就是巨大迷宫的模型。后来，众多的行者把这些建立迷宫模型的行者供奉在神殿内，认为只要钻研这些的模型就可以认识巨大的迷宫，但他们似乎忘记了，这些建立模型的行者仍旧身处迷宫。

　　当然，我也有能够确认的幸运事儿，其一便是爱读书。好比吃螃蟹时会有一蟹不如一蟹的感觉，朋友谈多了方知初恋是美好的，书读久了，就会知道先秦诸子的可爱。诸子的文字，自由的近乎散漫，庄重的近乎神圣，活泼的近乎痴狂，深邃的近乎玄虚。所以，我视之为我的第一蟹，我的初恋。

第二件幸运事儿是我来到了青岛，并且在中国海洋大学谋了一份差事。在这个充满海洋气息的氛围中，如果你不了解一些海洋、研究一些海洋，那简直就是挑衅。我虽愚钝，唱什么歌要看身处什么山头的道理还是懂的。如同佛灯之下的老鼠，成不成精姑且不论，偷一点儿灯油听一会儿经文，再睡上若干小觉，日子过得别有风味。

一句话，专业、爱好、环境，这三个因素促使我展开了关于海洋伦理的追寻。

不过，最头痛的事情也莫过于此。首先，伦理学中的很多概念相当模糊，比如一个"德"字，几乎每个人都能讲出一个花样来；其次是中西方的伦理学概念的可通约性，也是道阻且长，一个"道"字就愁煞了诸多聪明的大脑；再次是价值观，苦心费力地找出几个共同价值，往往还是中西各表。所以，思来想去，还是从源头开始探寻好了。

众所周知，公元前800至公元前200年的

"轴心时代"是人类文明史上的奇迹,希腊人从荷马诸神的世界中走出,以色列人从"旧约"和摩西故事中走出,印度人从吠陀传统中走出,中国人则从巫觋传统中走出。人类的关注点由神(巫)向人类自己的迁移,这是"轴心时代"的伟大之处。因为对于之前的人来讲,他们基本上是完全依附于神(巫)的。孔子就曾对此表达了自己的态度:"殷人尊神,率民以事神,先鬼而后礼,先罚而后赏,尊而不亲。其民之敝,荡而不静,胜而无耻。"(《礼记·表记》)

随着时间的推移,中西方伦理学又出现了两种走向:前者侧重求内,后者侧重务外。究其原因,其中一个重要因素应该是中国人对人的执着以及西方人对神的部分延承。关于这一点,我们可以从希腊德尔斐神庙门楣上的"认识你自己"以及孔子所讲的"仁者,人也"中得以较为直观的验证,或者说,西方偏向"神—人"认知结构模式,中国偏向"人—人"认知结构模式。在"神—人"认知结构模式中,神是道德价值的确立者、维护者和责任担当者,作为参与者的人不必为所信仰的条规合乎道德价值与否负责,只存在"神的旨意"执行与否的问题;在"人—人"认知结构模式中,人是道德价值的确立者、维护者、参与者和责任担当者，需要真正意义上的知行合一。

薛定谔在《生命是什么》中讲："我们现代的科学源于古希腊科学的传统，客观性是它的基础。正是由于这种客观性的存在，严重阻碍了现代科学对认知主体或精神活动的恰当理解。对认知主体或精神活动的探究是我们现有的思维方式所不擅长的，而东方的思想却包含我们现在所缺少的东西。"他的出发点虽和我稍有不同，但背后的逻辑应该是一致的。当然，这个判断对中方同样具有警策的意义。

概念的界定和事实的解读会直接影响讨论的结果，就如同一部"九阴真经"，有人得了正道，有人走火入魔。为此，我把德性、道德、伦理三个概念重新做了一番梳理，并提出了以下的观点：德性就是万物的本性，存在于万物之中，是万物之所以是万物的原因，无善无恶；道德是人的内在规范，由人的德性中的"善端"扩充而成，作用于个体的行为、态度及其心理状态，知善知恶；而"伦理"为外在社会对人的行为的规范和要求，扬善避恶。

现在再回到海洋伦理上来。当下，人们似乎把深沉的目光投向了海洋生态和海洋资源的可持续开

发与管理，这显然是不够的。因为任何能作用于人
与人之间关系的行为，都需要一定的伦理精神或道
德支撑。如果单纯地依靠永远都不可能完备的制度
约束，那么人类社会的未来绝对堪忧。所以，海洋
伦理要回归伦理本位，而不是制度本位。

　　基于此，我提出了要构建一种求内务外的海洋
伦理，或者说是一种既合乎德性又合乎道德的海洋
伦理，其基本条件应包括尊重海洋自身的德性、人
类共同价值的支撑、规范本身的不断健全和完善
等。因为我相信，当今世界的诸多冲突，一是源自
内在的价值观念的龃龉，二是因为伦理规范或制度
自身的缺陷。人们喜欢依照自我立场看待问题，喜
欢用规范的本身对待产生的问题，更喜欢用已知来
衡量和判断未知，这是悲剧来临的前兆。

　　举一个简单的例子，人们对"万物一体"或者
"一体性意识"是有不同理解的：单就人海关系而
言，系统论视角下的"一体性意识"仍有主体和客
体之分别，其关注点是系统的动态平衡或持续性存
在；而基于心性发现基础上的"一体性意识"，则
是消解主体和客体之分别，主张心外无物、心即理
也、心物一体，人与海是在真正意义上的一体。

　　我很赞同儒家所倡导的修齐治平，因为太多的

人习惯于在现实的泥沼中滚来滚去，习惯于嘲弄一切自己所不了解或不能了解的事物，习惯于呼唤具有思想家身份的政治家，却忘记了自己作为一个人而存在的价值或意义，也许这才是一种真的自我矮化。柏拉图说："不懂几何者不得入内。"孔子说："不学诗，无以言。"我想说："不修身，无伦理。"构建求内务外的海洋伦理，既要面对人与海洋的关系，也要面对人与人的关系，还要面对人与己的关系。

作为一篇序言，或许我啰唆得已经够多了，但忍不住再简单分享一下自己在写这本小书中没有阐释或提及的观点：

比如，保护海洋不是人类对海洋的垂怜，而是人类的自赎；

比如，真正无畏的人是在探索海洋，只有无知的人才会说去征服海洋；

比如，入世的疯和尚，总要好过隐世的高僧；

比如，太空，其实是另一种海。

……

在这本小书收尾之际，我曾暗问自己，到底写它何用？

王阳明在《传习录》中说："立志用功，如种

树然。方其根芽，犹未有干；及其有干，尚未有
枝；枝而后叶，叶而后花实。初种根时，只管栽培
灌溉。勿作枝想，勿作叶想，勿作花想，勿作实
想。悬想何益？但不忘栽培之功，怕没有枝叶
花实？"

　　以上姑且算我故作高深的寻章摘句，其实当时
脑海随即跳出一个答案是"无用之用"。且不必追
究此番发呆式的自问自答有何意义，因为自己本就
是一个追求无用之用的人。曾经写过一首五古，抄
录过来以作结尾吧，题目是《辛卯岁暮即事》：

　　　　佳日无归计，友人若参商。
　　　　便宜案头事，懒坐润韶光。
　　　　泥壶老酒沸，小雪寒山苍。
　　　　多情弥杳冥，噫气漫远翔。
　　　　人生海上舟，渔否皆里藏。
　　　　寸心知际遇，忽念贫庾郎。

目　　录

引

意象西湖

八月的萧山机场如同一鼎沸腾的火锅，我则是其间一节葱白。

年少时读《湖心亭看雪》，曾设想自己与西湖的相遇也是一个雪日，裘衣轻舟，静看云天漠漠。谁料实际境况竟如此火热，令人顿生冰火两重天之感。不过屈指算来，左迁杭州刺史的白居易也是在长庆二年（822）的农历七月"剑佩辞天上，风波向海滨"，他定是神情落寞地用手帕拭去一拨又一拨的汗水。另据张岱《陶庵梦忆》所记，萧山产方柿，其不可多得的绝品"必树头红而坚脆如藕者"。

意念及此，遂气定神闲，口齿生津。

一

落寞的白居易看到的西湖时名钱塘湖，又名

上湖。有青山数座，或居湖中，或立于湖岸；沙堤十里，或具象于乱花浅草，或抽象于清风明月。再加上江涛隐隐、笙歌幽细、烟波缓荡，他沉郁的心情也慢慢舒朗开来，并开始展现能吏本色。《新唐书》于此有一段极为简短的记载："（白居易）为杭州刺史，始筑堤捍钱塘湖，钟泄其水，溉田千顷。复浚李泌六井，民赖其汲。"与之不谋而合的还有苏轼，他在重复这些劳作的时候，又因湖中葑积太多，故而"取葑田积湖中，南北径三十里，为长堤以通行者"，此为苏堤。

经过近千年的修葺增补，今日之苏堤已是青草茵茵、杨柳依依，据说其景色最迷人的时间是春日清晨，长堤卧波，六桥笼烟，间关燕语莺声，花香袭人。站在堤上看风景，看风景的人在不在对岸看我不得而知，但酷烈的暑气确实渐渐隐去许多。

细想起来，白、苏二人同属古代杰出的官员，更幸运的是，他们还是极具文学素养和美术观念的官员，所以对于湖的治理，颇能显示出环境之保养、意境之蕴含。如果妄自猜测一下他们如此用心的原因，恐怕在"穷则独善其身，达则兼善天下"的士人责任感之外，还有着一种淡然的隐者情怀。

入世不易，出世不舍，这是传统文人的生存常态。其中境界高远者，"居庙堂之高则忧其民，处江湖之远则忧其君"；境界低下者，"远之则怨，近之则不逊"，所谓的大隐和小隐之别，正可就此作为一种另类的注解。所以，把不易与不舍外化成为一种疏狂，把美景如斯的西湖化作一个方外之地，真的是相得益彰。

> 烟波澹荡摇空碧，楼殿参差倚夕阳。
> 到岸请君回首望，蓬莱宫在海中央。
> ——白居易《西湖晚归回望孤山寺赠诸客》

以湖为海，以岛为宫，白居易由初来时"且向钱塘湖上去，冷吟闲醉二三年"的沉郁，转变到离别后"未能抛得杭州去，一半勾留是此湖"的惋惜，应该就是这个缘故。

除了白、苏这样的"大隐"，作为方外之地的西湖也从来不缺"小隐"，或者说那些为隐居而隐居的人，其中尤为著名者就是林逋。他结庐孤山，纵情于青山绿水之间，二十余年足不及城市。既老，自为墓于庐侧。与"使人荷锸而随

之"以便"死便埋我"的刘伶相比，这做派更
是散淡极了。

白、林、苏，是宋元时期在西湖设立的三贤堂
神主，可惜现在没了。

二

没了也好。世人香火供奉与否，应该和三位名
士的志趣无关。

南宋有一位叫袁樵（疑为袁韶）的京畿长官，
就曾令人在西湖三贤堂卖酒。有人题壁曰："和靖
东坡白乐天，三人秋菊荐寒泉。而今满面生尘土，
却与袁樵课酒钱。"袁长官闻后愧而改之。不过与
这位题壁诗人不同，我倒以为三位神主对此决不介
怀，于烟熏火燎之中飘来酒香阵阵，想来也会是别
有一番风味的事儿。再者，名士有名士的西湖，世
人亦有世人的西湖。如若少了尘世烟火的味道，西
湖该是怎样的百无聊赖。

比如西湖岸边那位挑着担子卖莲蓬的女子，在
交易完毕后会甜甜地说一声"再来呀"；香樟树下
三五游人驻足仰望，一只好似松鼠的动物在树枝间
灵巧地跳跃；两只杂色的鸭子在湖上逍遥地游来游

去，引得一位女生惊叫"鸳鸯耶"。

还有张岱笔下的西湖香市，进香之人市于三天竺，市于岳王坟，市于湖心亭，市于陆宣公祠，无不市；三代八朝之古董，蛮夷闽貊之珍异，胭脂簪珥、牙尺剪刀，以至经典木鱼、伢儿嬉具之类，无不集。商户"有屋则摊，无屋则厂，厂外又棚，棚外又摊"，游客"如逃如逐，如奔如追，撩扑不开，牵挽不住"。

还有《西湖三塔记》中关于西湖的道白：那一湖水，造成酒便甜，做成饭便香，做成醋便酸，洗衣裳莹白。这湖中出来之物：菱甜，藕脆，莲嫩，鱼鲜。

尘世的烟火，就这样在热闹中散发着活力，在琐碎中流淌着灵动。

其实，西湖本就是雅俗共赏的，就拿西湖十景来说，断桥残雪、三潭印月等偏向于雅，柳浪闻莺、花港观鱼等偏向于俗，苏堤春晓、曲苑风荷等则亦雅亦俗。令人无奈的是十景之中除了地点的变换，还有时间制约：或需春夏，或需秋冬，或要轻雾如纱的清晨，或要月朗星稀的夜晚。匆匆如我者有心无力，只能错过许多。

杨万里诗里的荷叶很安静地垂立在湖的角落，

旁有一亭入水，名曰"集贤亭"。亭子前面置有一石，上书"亭湾骑射"，说是当年专供八旗子弟骑射练武的场地。我环顾一周，丝毫没有感触到飒爽之气，倒是看到一簇韵味十足的票友在淡定地唱着戏。

随便找了一处石栏，半依着听戏，以及发呆。于是，脑海之中油壁车的车轮辘辘而过，破帽破鞋的癫僧摇着破扇笑而不语，艳服的歌女在画舫中忧伤远望，清瘦的儒生弯腰捡起一支金钗，扎着羊角的孩子举着糖葫芦蹦蹦跳跳地远去，一只鹧鸪在觅食……

尔后，白堤之上两位女子的身影又清晰起来：

白衣者端庄，青衣者妖娆。

三

西湖承载着一个城市，那是杭州；西湖还承载着一个王朝，那就是南宋。

尽管在南宋之前，五代吴越国也曾建都于杭州（钱塘）并立国七十二年，但与西湖和南宋的关系相比，国人似乎更关注后者。在黄仁宇先生所著的《中国大历史》中，就索性把一章节名之谓"西湖与南宋"。

历经"靖康之难"的宋高宗赵构，在杭州（临安）重续宋朝命脉。或许是为了呼应郭璞"龙飞凤舞到钱塘"的谶言，抑或出于当时逃难形势，南宋的皇宫选定在凤凰山东麓。立足此山，向东南可远眺钱塘大潮，西北可看西湖美景。上山可经慈云岭西退，亦可经中河入钱塘江南下北上，进退自如。自此，凤凰山"张闳华丽，秀比蓬昆，佳气扶舆，萃于一脉"。

山外青山楼外楼，西湖歌舞几时休？
暖风熏得游人醉，直把杭州作汴州。

原本籍籍无名的南宋士人林升，凭一首《题临安邸》而流传千古。怕是他也想象不到，自己在挥毫题诗的那一刻，竟然碰触到一个王朝绵延至今的痛点：苟安。"临安"与"苟安"，既在千里之外，又在一步之遥。风雨飘摇的南宋，畏畏缩缩地向后走了一步。

绍兴十一年（1141）农历十二月二十九日，于千家万户喜迎新春的时刻，岳飞在风波亭中饮尽了御赐的毒酒。与之并葬的还有他被朝廷斩杀的儿子岳云。岳飞九族全部被流放广东，连一个名为岳州的地方也被改名纯州。

现在的风波亭在湖滨圣塘景区的绿荫丛中，孤独而又简陋，旁边便是从原庆春路西端北侧的孝女亭中迁来的孝女井。《西湖游览志》有记："银瓶娘子（岳飞之女）闻王下狱、哀愤骨立，欲叩阙上书，而逻卒婴门，不能自达，遂抱瓶投井死。"

青山有幸，而南宋的王气却在谎言、毒酒与歌舞中渐渐消磨。

公允地说，一味指责南宋的偏安是不客观的，自绍兴十年（1140）岳飞北伐至开封附近之后，南宋还相继发动了隆兴北伐、开禧北伐、端平入洛等军事行动，不过最终都以失败而告终。

公元 1276 年，元军兵临临安城下，南宋恭帝及其祖母谢太后等奉表投降，忽必烈封宋恭帝为瀛国公，封谢太后为寿春郡夫人；1277 年，因"民居失火延及"，曾经的南宋皇宫被"焚烧殆尽"；1279 年，崖山海战惨败，浮尸十万，丞相陆秀夫背负少帝赵昺投海自尽。

西湖歌舞，蹁跹依旧。

四

"欲把西湖比西子，浓妆淡抹总相宜。"这是苏轼的名句，但我并不太喜欢，觉得其中的脂粉味道有点浓。

西湖本属海迹湖，其形成过程可划分为早期潟湖、中期海湾、晚期潟湖三个阶段，后随钱塘江沙坎的发育，西湖终于完全封闭，水体亦逐渐淡化。据"秦始皇缆舟石"景点所传，秦始皇东游入海，曾泊舟于西湖北侧的宝石山下。所以，彼时的西湖，还应是与江海相通的。《汉书·地理志》亦有记载："钱唐，西部都尉治。武林山，武林水所出，东入海，行八百三十里。"即便到了唐代，湖的西部、南部都深至西山脚下，东北面延伸到武林门一带。香客可泛舟至山脚下再步行上山拜佛。西湖的面积，仍比现在湖面大了近一倍。

五代时期，吴越王钱镠命人修筑捍海塘，然而海潮怒濑急湍，版筑不就。遂募强弩五百人以射涛头，使"潮回钱塘，东趋西陵"。后用大竹破之为笼，长数十丈，中实巨石；又取罗山大木长数丈者，植于水中，使横为塘，"由是潮不能攻，沙土渐积，塘岸益固"。捍海塘遗址现位于上城区江城路附近，约处西湖与钱塘江中间。

海就这么和西湖渐去渐远。然而海的魂魄，依然存在于斯。所以，西湖的天然格调，是于温婉之中隐匿着疏狂，是于沉静之中隐匿着激昂，是于平和之中隐匿着沧桑。

漫步西湖，你会发觉此地与别处名胜尤为不同之处，就是众多的环湖墓地。墓主人既有官、有商、有妓，又有儒、有道、有释，还有仁人志士、有节义情人。他们于浮华之外，静静安息。生如夏花，死如秋叶。

这是西湖的气度，也是西湖的气韵。

西湖南岸的太子湾，有张苍水先生祠。祠旁有墓，用砖砌成圆形，碑文"故明勤苍水张公墓"。这位明朝兵部左侍郎，联合江南义兵和郑成功部队英勇抗击清兵，终因势孤兵败隐居海岛，前后反抗二十余年，到最后被捕获时，已经是清朝的康熙年间了。

国破家亡欲何之？西子湖头有我师。
日月双悬于氏墓，乾坤半壁岳家祠。
惭将赤手分三席，敢为丹心借一枝。

　　他日素车东浙路，怒涛岂必尽鸱夷。

　　尽逐春风看歌舞，几人着眼到青山？而在张苍水的这首《入武林》中，谁又能听到那青山之外、海的声音？

第一章

海洋意象中的神性、父性和母性

　　中国人讲究观物取象、立象尽意，这是中国古人分析事物和认识世界的方法，其道理类似于我们常说的格物致知。比如《周易·大象传》中的"师卦"："地中有水，师；君子以容民畜众"，意思是说君子应取法于容纳江河的大地，去收容和畜养大众。不难看出，其"地中有水"即取象，"容民畜众"即尽意。所以从意象的角度开始探讨海洋，应该是一个比较有意思的切入。

一　意象与海洋意象

　　在距我家乡不远的濮阳市南乐县梁村乡吴村西侧，有一个高约 5 米的土丘叫仓颉陵，也就是仓颉墓。仓颉是 5000 年前黄帝时期的一位史官，他仰观天象、俯察鸟兽虫鱼之迹，以象形、会意、指事之法创造出中国最原始的文字。《说文解字序》中记载："仓颉之初作书，盖依类象形，故谓之文；其后形声相益，即谓之字。"就此看来，中国文化形成之初，就与意象有了关联。

（一）意象释义：观物取象与立象尽意

《周易·系辞》曰："易者，象也；象也者，像也。"虽然古书之中经常"象""像"通用，但此处"象"和"像"不是一种等同的关系，而应是一种生成的关系。南怀瑾先生曾解释说，"象"是代表抽象的，"像"是代表实质的。三国时期魏国的玄学家王弼在《周易略例·明象》中也说，象以表意，言以尽象。① 所以说，"象"应该是据于"像"且生于"意"。与此观点相契合的似乎还有休谟（David Hume）：

　　正像心灵的一切知觉可以分为印象（impressions）和观念（ideas）一样，印象也可

---

① 原文是：夫象者，出意者也；言者，明象者也。尽意莫若象，尽象莫若言。言生于象，故可寻言以观象。象生于意，故可寻象以观意。

以有另外一种分类，即分为原始的（original）和次生的（secondary）两种。……所谓原始印象或感觉印象，就是不经任何先前的知觉，而由身体的组织、精力、或由对象接触外部感官而发生于灵魂中的那些印象。次生印象或反省印象，是直接地或由原始印象的观念作为媒介，而由某些原始印象发生的那些印象。①

显然，如若把"像"解释为原始印象（original impressions）或感觉印象（impressions of sensation），把"象"解释为次生印象（secondary impressions）或反省印象（impressions of reflection），在逻辑上是行得通的。由此可见，所谓"意象"，其本义应是一种被情理化了的对具体事物的感性映象，具有次生性质。

意象的次生性质表现之一是"象有虚实"。《周易正义》曰："或有实象，或有假象。实象者，若地上有水，地中生木升也，皆非虚言，故

---

① ［英］休谟：《人性论》，关文运译，商务印书馆 1997 年版，第 309 页。

言实也；假象者，若天在山中、^① 风自火出；^② 如此之类，实无此象，假而为义，故谓之假也。"

"实象"即"像"，"假象"就是想象之"象"，是"人心营构之象"。宋代禅宗大师青原行思提出参禅的三重境界：参禅之初，看山是山，看水是水；禅有悟时，看山不是山，看水不是水；禅中彻悟，看山还是山，看水还是水。这里的"看山是山，看水是水"便属于"像"，类似于休谟所说的原始印象或感觉印象；"看山不是山，看水不是水"应属于"象"，即意象之"象"；"看山还是山，看水还是水"则属于和意象既相区别又相联系的更高层次——意境或观念。

与此理相通的论述还有很多，比如大画家黄宾虹先生就主张"山水画乃写自然之性，亦写吾人之心"，他认为山水画家对于山水创作必然有着它的过程，这个过程有四：一是"登山临水"，接触自然，作全面观察体验；二是"坐望苦不足"，深入细致地看，既与山川交朋友，又拜山川为师，要心里自自然然，与山川有着不忍分离的感情；

---

① 象曰：天在山中，大畜；君子以多识前言往行，以畜其德。

② 象曰：风自火出，家人；君子以言有物，而行有恒。

三是"山水我所有",这不只是拜天地为师,还要画家心占天地,得其环中,做到能发山川之精微;四是"三思而后行",作画之前做好构思,作画之中笔笔有所思,边画边思。此三思,也包含"中得心源"的意思。

画家的"外师造化,中得心源",岂不正是从"天地自然之象"到"人心营构之象"的过程吗?再如王国维先生的"写景"与"造景"一说,其"写景"也与"实象"含义相似,"造景"亦与"假象"雷同。

意象的次生性质表现之二是"取象不二,寓旨多边"。无论象之虚实,其意都会具有一定的生发空间。例如不同的诗人乃至同一位诗人均取"春风"之象,然而其意各有不同:从"春风一夜吹乡梦,梦逐春风到洛城"中可以体味浓郁的思乡之情,"爷娘生死知何处,痛杀春风上沈阳"则足以察其恨,"恰似春风相欺得,夜来吹折数枝花"言其落魄与愁恼,"迟日江山丽,春风花草香"却又洋溢着盎然和惬意。

也许正是基于此理,钱钟书先生说:"盖事物一而已,然非止一性一能,遂不限于一功一效。取譬者用心或别,着眼因殊,指同而旨则异;故一事物之象可以子立应多，守常处变。"① 魏晋时期的王弼也认为"触类可为其象，合义可为其征"，② 并明确提出"得意而忘象"。更有意思的是韩非子：

> 人希见生象也，而得死象之骨，案其图以想其生也，故诸人之所以意想者皆谓之象也。③

死象的骨头是具体的事物即"象"，诸人都没见过活着的大象，所以虽是"案其图以想其生"，但他们意想中的"大象"定然大有不同，而且"皆谓之象"。死象的骨头可谓"不二"，诸人意想中的大象可谓"多边"。

（二）关于海洋意象

海洋意象是指人类关于海洋的主观情意与客观物象之融合，是人们意想中的海洋之象。刘勰

---

① 《管锥编·卷一》。
② 《周易略例·明象》。
③ 《韩非子·解老》。

说："登山则情满于山，观海则意溢于海。"① 海
洋意象，即是"意溢于海"之海。

　　毫无疑问，海洋意象是一种极其多元的存在。
宏观而言，基于不同的民族、地域、文化等因素，
关乎海洋的意象十分繁多且千差万别。

　　比如中西方海洋意象中蕴含的对待海洋的基
本态度层面，就存在诸多差异：在中国人的意象
里，海洋是神（盘古）之精髓，人和海洋都是由
神所化，人与海洋是共生的、统一的关系；西方
则是神造了一切，并使人"管理海里的鱼、空中
的鸟、地上的牲畜和全地、并地上所爬的一切昆
虫"②，所以人与海洋（乃至自然）是一种管理者
和被管理者的关系。

　　再如海洋文学，与西方相比，中国的海洋文
学的确太少了，而且所描绘的内容也多是"日月
之行，若出其中"式的远观或想象。西方文学多
是展现人对海洋的探索、抗争，例如《鲁滨逊漂
流记》《老人与海》《白鲸》等。不过从未来的视
角来看，谁又能说中国人的远观不是一种人类的

---

① 《文心雕龙·神思》。

② 《圣经·创世纪》。

大智慧呢？

　　此外，海洋意象还是一种流变性的存在。流变性是一历史维度，体现于海洋意象的延承和发展。如：

　　《尚书》："江汉朝宗于海。"

　　《老子》："江海所以能为百谷王者，以其善下，故能为百谷王。"

　　《庄子》："夫千里之远，不足以举其大。千仞之高，不足以极其深。禹之时，十年九潦而水弗为加益；汤之时，八年七旱而崖不为加损。夫不为顷久推移，不以多少进退者，此亦东海之大乐也。"

　　魏·曹丕《沧海赋》："美百川之独宗，壮沧海之威神。经扶桑而遐逝，跨天崖而托身。惊涛暴骇，腾涌澎湃。铿訇隐邻，涌沸凌迈。于是鼋鼍渐离，泛滥淫游。鸿鸾孔鹄，哀鸣相求。杨鳞濯翼，载沉载浮。仰噆芳芝，俯濑清流。巨鱼横奔，厥势吞舟。尔乃钓大贝，采明珠。举悬黎，收武夫。窥大麓之潜林，睹摇木之罗生。上寒产以交错，下来风之泠泠。振绿叶以葳蕤，吐芬葩而扬荣。"

以上四段引文是以时间早晚排序的，不难发现在产生"江汉朝宗于海"这一原始印象之后，有关海洋的次生印象愈来愈饱满、丰富。老子和庄子的哲思是"以其善下，故能为百谷王""不为顷久推移，不以多少进退"，曹丕则玩味"美百川之独宗，壮沧海之威神"，而且从距离的角度也隐约可以体察到已由"远望"达到"近观"。

概而言之，海洋意象的多元化，是一空间性、横向性的结构；而海洋意象的流动性，则是一历史性、纵向性的结构。如若从这两个向度对海洋意象稍加归整，便可以大约分为三个类型：神性、父性、母性。

二 神性：海洋意象之一

（一）海洋获取神性之据

先来看以下三种创世说，它们分别来自中国古代神话、《圣经》和古希腊神话。非常巧合的是，里面都涉及海洋和人类：

昔盘古氏之死也，头为四岳，目为日月，脂膏为江海，毛发为草木。①

俗说天地开辟，未有人民，女娲抟黄土做人。剧务，力不暇供，乃引绳于泥中，举以为人。②

神说："天下的水要聚在一处，使旱地露出来。"事就这样成了。

神称旱地为"地"，称水的聚处为"海"。神看着是好的。

……神就照着自己的形象造人，乃是照着他的形象造男造女。③

天和地被创造出来，大海波浪起伏，拍击海岸。……他（普罗米修斯）聪慧而睿智，知道天神的种子蕴藏在泥土中，于是他捧起泥土，用河水把它沾湿调和起来，按照世界的主

---

① 《述异记》卷上。
② （东汉）应劭：《风俗通》。
③ 《圣经·创世纪》。

宰，即天神的模样，捏成人形。①

对此稍加比较，我们就会发现：

一是人的形象即是创世神的形象（其中，作为中国上古神话中创世女神的女娲，也是仿照自己创造了人类）；

二是人的材质是泥土。女娲抟黄土做人，普罗米修斯捧起了泥土。虽然在以上《圣经》引语中并未说明，但根据《旧约》中"你本是尘土，仍要归于尘土"② 进行推论，人出自泥土的观点大抵不错；

三是海洋的生成，要早于人类。开天辟地的盘古死去，"脂膏为江海"，尔后女娲造人；在《圣经》中，神在第三日创造了海洋，第六日才创造了人类；在普罗米修斯造人之前，海洋已是"寂寞沙滩，清闲礁石，千古消磨来去潮"。

由此而论，为神所创，这是海洋获得神性的前因；据神而设，则是人类获得灵性的前因。神话或神学的叙事，应该是基于一个有关集体记忆的视阈。所以，作为水和土交融产物的泥土，是否可以理解为一种关乎人类与海洋的隐喻呢？

（二）众神的乐园

海洋是众神的乐园，栖息在此的神灵不胜枚举，譬如希腊神话中的波塞冬等为数众多的海洋神祇，中国亦有禺虢、南海之神曰祝融、玄冥、妈祖，乃至海龙王等纷繁的海洋神祇，他们大多会得到人类的敬畏和供奉。

在《奥德赛》第一卷"奥林波斯神明议允奥德修斯返家园"中，有一段关于祭祀海神波塞冬的描写：

> 这神明此时在遥远的埃塞俄比亚人那里，
> 埃塞俄比亚人被分成两个部分，最边远的人类
> 一部分居于日落处，
> 一部分居于日出地，
> 大神在那里接受丰盛的牛羊百牲祭。①

---

① ［古希腊］荷马：《荷马史诗》，王焕生译，人民文学出版社 2003 年版，第 2 页。

又如南宋词人辛弃疾《摸鱼儿·观潮上叶丞相》的上半阕：

> 望飞来、半空鸥鹭，须臾动地鼙鼓。截江组练驱山去，鏖战未收貔虎。朝又暮。谙惯得、吴儿不怕蛟龙怒。风波平步。看红旆惊飞，跳鱼直上，蓦踏浪花舞。

词中所描述的吴儿弄潮，就是祭祀钱塘江"潮神"的一种仪式。就祭祀海神的规模而言，无论中西，都可以用盛大来形容。在《奥德赛》第三卷中，参与祭祀的人"献祭的人们分成九队，每队有五百人"，而祭品更是丰盛："各队的前面摆着九头牛作为奉献的祭品。"①

又据清代张焘的《津门杂记》记载："三月二十二日，俗传为天后诞辰……神诞之前，每日赛会，光怪陆离，百戏云集，谓之皇会。香船之赴烧香者，不远数百里而来，由御河起，沿至北河、海河，帆樯林立。"可谓壮观。

---

① ［古希腊］荷马：《荷马史诗》，王焕生译，人民文学出版社2003年版，第35页。

盛大的祭祀是表达虔诚的形式，对此希腊人一
丝不苟、肃穆庄重，中国人则在敬神的同时不忘自
娱，颇显人神关系之和谐。

当然，海洋众神之乐并不仅仅在于享用人类的
供奉，他们的踪迹遍布海底、岛屿和天空，偶尔也
会光临陆地，甚至化形为人，游戏一番后悄然离
去。但是他们主要的居所还是海洋。如波塞冬，他
喜欢手持三叉戟，坐着黄金战车掠过海浪。生气了
就掀起汹涌的波涛，高兴了就平息狂暴的大海。尽
管他在奥林匹斯山有一席之地，但大多时间还是居
住在海洋深处的金色宫殿里。

与之相比，中国古代神话中的海龙王更是幸
福：龙族枝繁叶茂，子子孙孙无穷匮也；拥有庞大
的军队，虾兵蟹将是也；掌控人类的命运，因有行
云布雨之能；龙宫内奇珍异宝琳琅满目，就连孙悟
空手中的金箍棒，不也是从中求来的么。

（三）烟涛微茫信难求

《广雅·释水》有释："海者，晦也。"浩渺昏
蒙、不得其详应该是古人对海洋的初印象。

柏拉图在《对话录》中曾经描述了一个神奇的
国度——亚特兰蒂斯，它的创建者是海神波赛冬，

建筑由一系列浮于海上的同心圆连接而成，互相用舰只分隔开。亚特兰蒂斯人把光线作为动力能源，可以飞行，也可以使人体再生以及返老还童。后来他们因为日趋堕落而遭到众神之首宙斯的惩罚，终被大海吞没。

中国先秦时期，一本包罗万象的奇书《山海经》出现了，对于书中的内容，多数人的选择和司马迁一样"余不敢言之也"。但如果仅从神话的角度进行选择性审视应该还是可以的，有如"明组邑居海中，蓬莱山在海中，大人之市在海中"① 等话语。

此外，与亚特兰蒂斯相类似的还有海上五山的传说：在渤海之东很远很远的地方有一个海中无底之谷，名字叫作归墟。那里有五座神山：岱舆、员峤、方壶、瀛洲、蓬莱。这些山，上下盘曲三万里，山顶平坦的地方有九千里。山间相距各七万里，彼此如同邻居。山上的亭台楼阁都是用金玉做建材，山里的禽兽都是纯白色，挂满珠宝的树木长得密密麻麻，果实味道鲜美，吃了能长生不老。山

---

① 参见《山海经·海内北经卷十二》。明组邑可能是生活在海岛上的一个部落，邑即邑落；蓬莱山是传说中的仙山，上面有神仙居住的宫室，都是用黄金玉石建造成的，飞鸟走兽纯白色，远望如白云一般；关于大人之市，郭璞的解释是"亦山名，形状如堂室耳；大人时集会其上作市肆也"。

上所有的"居民"皆是仙圣之种，他们每天在山与
山之间作各样跨海凌空的飞行和不拘形迹的自由交
际。但是，因为五山之根没有连着，常随潮波颠
簸，仙圣们很难受，天帝也怕这些山漂到最西边
去，导致仙圣们无家可归，于是命令禺强指挥十五
只巨鳌托住这五座神山。一只鳌托一座山，三班倒
换，一班就是六万年。这样五座神山才稳定下来。
后来巨鳌被龙伯之国的巨人钓走了六个，于是岱
舆、员峤二山便漂到了北极，沉入海底，流离失所
的仙圣们不知道有多少亿。①

　　海上仙山的传说，在古代中国触发了两种行

---

　　① 《列子·汤问》："渤海之东，不知几亿万里，有大壑焉，实惟无
底之谷，其下无底，名曰归墟。八纮九野之水，天汉之流，莫不注之，而
无增无减焉。其中有五山焉：一曰岱舆，二曰员峤，三曰方壶，四曰瀛
洲，五曰蓬莱。其山高下周旋三万里，其顶平处九千里。山之中间相去七
万里，以为邻居焉。其上台观皆金玉，其上禽兽皆纯缟。珠玕于之树皆丛
生，华实皆有滋味，食之皆不老不死。所居之人皆仙圣之种，一日一夕飞
相往来者，不可数焉。而五山之根无所连着，常随潮波上下往还，不得暂
峙焉。仙圣毒之，诉之于帝。帝恐流于西极，失群仙圣之居，乃命禺疆使
巨鳌十五举首而戴之。迭为三番，六万岁一交焉。五山始峙而不动。而龙
伯之国有大人，举足不盈数步而暨五山之所，一钓而连六鳌，合负而趣归
其国，灼其骨以数焉。于是岱舆、员峤二山流于北极，沉于大海，仙圣之
播迁者巨亿计。帝凭怒，侵减龙伯之国使，侵小龙伯之民使短。至伏羲、
神农时，其国人犹数十丈。"

为：一是泛海求仙，一是向海浩叹。前者有秦皇汉武，后者如曹植、郭璞、李白、白居易。前者是专制权力的意志表达，后者是基于人生命运和浩浩自然的感喟。

秦始皇派出了徐福以及数千童男童女，汉武帝派遣方士入海求蓬莱安期生之属，均无果而终。曹植歌吟："远游临四海，俯仰观洪波。大鱼若曲陵，乘浪相缀过。灵鳌戴方丈，神岳俨嵯峨。仙人翔其隅。玉女戏其阿。"郭璞还在想象："吞舟涌海底，高浪驾蓬莱。神仙排云出，但见金银台。"白居易郁郁浅唱："忽闻海上有仙山，山在虚无缥缈间。楼阁玲珑五云起，其中绰约多仙子。"李白则稍显失望："登高丘，望远海。六鳌骨已霜，三山流安在。扶桑半摧折，白日沈光彩。银台金阙如梦中，秦皇汉武空相待。"

且语"海客谈瀛洲，烟涛微茫信难求"。

信难求，得意了方士，失落了诗人。

（四）神性的背后

综上言之，海洋的神性意象至此似乎理应明晰，它至少可以分为两个层面：一是关于海洋作为他者所具有的原生的、永恒的、难以认知的观念；

二是海洋成为被赋予超越人类自身能力的神灵的栖息之所。就本质而言，它应是人类在原始或无奈状态下对海洋的隐喻性的记述和尝试性的解释，以及由此而引发的对社会生活的映射或于海洋、命运的感思。

解释、映射和感思，这些判断比较容易理解，但为什么说关于海洋的神话是一种隐喻性的记述呢？

首先不妨澄清一个概念，那就是古代（尤其是史前）人类关于"川"和"海"的一体性观念。在古希腊，作为水神的欧申纳斯（Oceanus）生育了地球上所有的河流及三千海洋女仙。在中国，《礼记·学记》中亦有记载"三王之祭川也，皆先河而后海"。所以，"川"是"海"之源，"海"是"川"之向，两者是一体的，统一于"水"。

确立了这个前提性概念，我们再重新审视一个个案——共工传说：作为水神的共工，在颛顼治世的时代反叛，但被颛顼击败，共工怒而头撞支撑世界的支柱不周山，造成世界向东南倾斜。之后共工仍不断地作乱，最后被禹杀死。

而神话所隐喻的应该是这样一个事实：在颛顼时代，洪水暴发，人们堵挡住了洪水，使其在不周山的地方入川，向东南流去。后来还多次出现过洪水，大禹最终治水成功。

与之相关的还有精卫填海：

> 北二百里，曰发鸠之山，其上多柘木，有鸟焉，其状如乌，文首，白喙，赤足，名曰"精卫"，其名自詨。是炎帝之少女，名曰女娃。女娃游于东海，溺而不返，故为精卫，常衔西山之木石，以堙于东海。漳水出焉，东流注于河。[①]

发鸠山，即是不周山，位于山西省长治市长子县城西，中华始祖炎帝神农氏就在这里试验种五谷，教民农耕。如果再联系到远古时期的洪水治理，精卫填海所描述的事实即可昭然若揭。

若此，是否可以说海洋神性意象的背后即是

---

① 参见《山海经·北山经》。意思是再向北走二百里，有座山叫发鸠山，山上长了很多柘树。树林里有一种鸟，它的形状像乌鸦，头上羽毛有花纹，白色的嘴，红色的脚，名叫精卫，它的叫声像在呼唤自己的名字。这其实是炎帝的小女儿，名叫女娃。有一次，女娃去东海游玩，溺水身亡，再也没有回来，所以化为精卫鸟。经常叼着西山上的树枝和石块，用来填塞东海。浊漳河就发源于发鸠山，向东流去，注入黄河。

事实?

是，但又不仅仅是。

神话不是一个单纯的幻象的世界，更不是对曾经事实的故意遮蔽。恩斯特·卡西尔说："对于原始意识来说，它们呈现着存在的整体性。概念的神话形式不是某种叠加在经验存在的某些确定成分之上的东西；相反，原初的'经验'本身即浸泡在神话的意象之中，并为神话氛围所笼罩。"① 依此推之，人类的全部知识和全部文化，从根本上说并不是建立在逻辑概念和逻辑思维的基础之上，而是建立在隐喻思维这种"先于逻辑的（prelogical）概念和表达方式"之上。

所以，面对神话，人要怀有敬意；而走入海洋的神性意象，则更需要我们对其叙事的形式和内在结构倾心感悟。

三　父性：海洋意象之二

谈及父性意象，分析心理学给出的答案是人的

---

① ［德］恩斯特·卡西尔：《语言与神话》，于晓等译，生活·读书·新知三联书店 1988 年版，第 33 页。

意识或潜意识中对父亲的父性形象所作的抽象加工和描绘，具有象征意义。教育家李文斯登·劳奈德（Lewensden Laoned）把其归纳为庇护、告诫、指责、惩罚、剥夺等。具体到海洋的父性意象，它应是海洋特征与父亲形象的重合部分，强力、壮美、深邃、冷峻等是其主要特征，但其本质则体现于人类对海洋的抗争。

（一）强力：一幕悲剧的诞生

在希腊传说中的赫勒斯滂①两岸，居住着一对隔海相望的情侣。少男是亚比杜斯（Abydos）的利安德（Leander），少女是在西斯托（Sestos）的纯贞女祭司海洛（Hero）。利安德每夜泅过海峡与海洛相会时，她都在塔楼上高擎火把为他引路。在一个暴风雨的夜晚。火把熄灭了，利安德溺水而死，海洛亦蹈海殉情。

在这个悲剧中，无论是利安德的溺海身亡，还是海洛的殉情于海，他们的悲情虽然直接源自火把在风暴中熄灭一事，但"海峡"的隔离与"海"的怒涛还是不能摆脱其咎的。英国诗人马洛（Christopher Mar-

---

① Hellespont，即达达尼尔海峡。

lowe）在长诗《海洛与利安德》（*Hero and Leander*）中，首句便是"赫勒斯滂，流淌着痴情人的血液"。[1]故此，不妨把一对痴情的恋人对"海"的抗争行为，作为对这个悲剧的初步解读。

但这里还有隐含的元素更值得关注，其一是阿波罗（Apollo）对海洛的爱恋：

At Sestos Hero dwelt; Hero the fair,

Whom young Apollo courted for her hair,

And offered as a dower his burning throne,

Where she should sit for men to gaze upon. [2]

作为光明之神、预言之神、医神，以及迁徙和航海者的保护神的阿波罗要把"his burning throne"（燃烧王座）作为嫁妆送给海洛，让她坐在上面供世人端详。这让人想起了"Fires and inflames"（大火与燃烧）。

其二，当利安德泅渡海峡，准备与海洛幽会

---

① 原句是"On Hellespont, guilty of true-love's blood"。

② 大概可以翻译为："海洛居住在塞斯托斯，她是如此美丽，年轻的阿波罗曾为她的秀发而倾倒，将其燃烧的王座献上作为嫁妆，她理应端坐在王座之上，接受来自男人仰慕。"其中，塞斯托斯（Sestos）是赫勒斯滂海峡的主要渡口，阿波罗的别称——福波斯（Phoebus）就有发光之意，"燃烧的王座"或已具有灯塔的隐喻。

时，海神波塞冬曾向其求爱，这应是比喻利安德渡海时所面临的重重危险。

其三，男女主人公的名字 Leander 和 Hero。"Leander"与"leader"（领先的人）谐音，而除了"Hero"本意之中即有"英雄"之外，"heroic"则有"记叙英雄及其事迹的"之意。

所以，尽管有煮鹤焚琴或"在音乐会上放枪"一般的不快，我们还是有理由怀疑这个爱情悲剧传说可能演化于古希腊人关于海峡夜航的尝试，与"精卫填海"的故事类似。

此外，我们不难于此发现海洋的父性意象和神性意象是有所重叠的，但这应属正常。科尔曼夫妇在《父亲：神话与角色的变换》一书中，就把"父亲原型"归结于创世父神、地父、天父、皇父和二分父神。① 此外，弗洛伊德（Sigmund Freud）也曾说："神圣的东西从根源上说只不过是那位原始父亲的未曾遗忘的意志"，那"是人们必须高高尊奉，不能触摸的东西"②。据此而论，父与神的部分交

---

① ［美］阿瑟·科尔曼、莉比·科尔曼：《父亲：神话与角色的变换》，刘文成、王军译，东方出版社 1998 年版。

② ［奥］弗洛伊德：《摩西与一神教》，李展开译，生活·读书·新知三联书店 1989 年版，第 117 页。

融，也许正是父性对神性的一种延承吧。

（二）壮美：一篇诗作的赏析

李齐贤（1288—1367），字仲思，号益斋、栎翁，谥号文忠，朝鲜古代三大诗人之一。其七律《望海》一诗载于《益斋乱稿》第二卷，顾名思义，这是一篇古诗中比较少见的以海洋为题材的作品：

> 早闻观水在观澜，测管洪溟得一班。
> 白日丸跳呼吸里，青天毂转激扬间。
> 不随鹏翼搏千里，谁见鳌头冠五山。
> 可惜区区精卫鸟，一生衔石不知难。

先来说明一下诗作的背景：诗人出身书香门第，其父是进步的两班文人，母亲出自亦有着"三韩甲族""海东第一高门"盛誉的开京姚氏。1313年，德才俱佳的他被忠宣王召为侍从。依据《冬至》诗句"昔从燕城向松京……今从松京向燕城"推测，写此诗之时，他正在由松京（今朝鲜开城）返回燕城（元大都，今北京）的途中。一方面他被国家委以重任——"庚申，知密直司事，赐端诚翊赞功臣之号。知贡事，时称得士，公年盖三十四。是年，奏授高丽王府断事官。"① 另一方面还未听到忠宣王被流放吐蕃的消息，所以他的疏荡奇气与悠悠情怀在《望海》一诗中得以充分体现。

"早闻观水在观澜"句，取典于"观水有术，必观其澜"，② 直译的意思是观水须从波澜壮阔处着眼。"测管"则是管窥蠡测的意思，语出《汉书·东方朔传》："以管窥天，以蠡测海，以莛撞钟，岂能通其条贯，考其文理，发其音声哉。""洪溟"即大海，"班"通"斑"。诗人起句就直抒胸臆，告诉读者他既知观水之术，亦有望海之得。然而所得几何呢？这就需要从后面诗句中寻找答案。

颔联以写实的手法道明了诗人所得之一，即大海的波澜壮阔之美。"白日丸跳呼吸里"描写了波澜之急、之巨；"青天毂转激扬间"则写出了海浪之险、之怒。其中，"丸跳"一词传神地勾勒出在大海吞吐之间白日跳跃如丸的动态景象。而通过"毂转"一词，我们还可以想到李白在《西岳云台歌送丹丘子》诗中的佳句："黄河万里触山动，盘

---

① 参见《益斋稿》卷附《李齐贤墓志》。
② 《孟子·尽心上》。

涡毂转秦地雷。"然而，这"鸣溅溅"的黄河流水，在浩渺无际、波涛汹涌的大海面前，是否会有"望洋兴叹"的感慨呢？

诗人随后又连续化用了两个典故：一是大家所熟知的《庄子·逍遥游》中关于鲲鹏的描写；二是"鳌头冠五山"出自《列子·汤问》，前文已有论及。此联至少可以从两个层面来理解：其一是如若不由大鹏试翼击空，谁又能看到鳌头之上那缥缈的仙山呢？寓意经过自身的不懈努力可以得到"达则兼善天下"的效果；其二是随着大鹏一起搏击长空，终将觉得鳌头五山。这里以大鹏喻君王，以览得五山喻建功立业。

尾联中精卫填海的典故曾被诸多名家吟咏，譬如陶渊明《读山海经》一诗："精卫衔微木，将以填沧海。刑天舞干戚，猛志固常在。同物既无虑，化去不复悔。徒设在惜心，良辰讵可待！"李白也在《寓言三首》之二中吟道："区区精卫鸟，衔木空哀吟。"可以说，在诸多诗人的精神世界里，精卫鸟已经成为一种悲壮之美的象征。诗人选取对精卫的浩叹以为结，除了典故与大海的关联之外，恐怕应有言外之意蕴含其中。尤其是，这声浩叹是承上"不随鹏翼搏千里，谁见鳌头冠五山"而来。

观览"风波薄其裔裔，邈浩浩以汤汤"①的沧海，没有气度的人是作不出诗的；直面"湍转则日月似惊，浪动则星河如覆"②的怒海，没有奇气的人是作不出诗的。而此诗中，诗人由论观水之"术"到得"澜之壮美"，再由此展开绮丽玄妙的带有隐喻色彩的想象，抒发渺渺情怀，进而以精卫鸟自喻，于沧桑之中尽显豪迈。海洋壮美的父性意象在此也展示得非常充分，而且这个意象与诗人为国为民的"父性意识"相互融合，构成了"疏荡奇气共澜生"的精彩效应。

（三）深邃：一叶扁舟的远去

面对浩瀚的沧海，人类一直被它的深邃所吸引着。表露这种吸引的，既有"日月之行，若出其中。星汉灿烂，若出其里"式的观瞻，也有"长风破浪会有时，直挂云帆济沧海"式的体验。但这种观瞻或体验，大多只是拘于事物的表征或者意象的浅层，比如大海的浩渺、幽深，以及变幻无常等，如：

---

① （东汉）班彪：《览海赋》。
② （南朝·齐）张融：《海赋》。

我多么热爱你的回音

热爱你阴沉的声调

你的深渊的音响

还有那黄昏时分的寂静

和那反复无常的激情

渔夫们的温顺的风帆

靠了你的任性的保护

在波涛之间勇敢地飞行

但当你汹涌起来而无法控制时

大群的船只就会覆亡

我曾想永远地离开

你这寂寞和静止不动的海岸

怀着狂欢之情祝贺你

并任我的诗歌顺着你的波涛奔向远方①

　　诗人以"比兴"的手法，把海的深邃与自由理想的追逐相联系，使人于沧桑、悲凉之中倍感其信念的坚定。这如同鲁滨逊在荒岛之上完成了心灵自我救赎的过程一样，深邃的大海只是作为一个喻

---

　　①　[俄]普希金:《普希金诗集》，戈宝权译，中国社会科学出版社 2007 年版，第 85 页。

体、一个场景而存在。

但海之深邃，更在于"道"。庄子曾借北海若（海神）之口，阐释了"道"之所存："万川归之，不知何时止而不盈；尾闾泄之，不知何时已而不虚；春秋不变，水旱不知。"所以，海洋既是"量无穷，时无止，分无常，终始无故"的，又是"物之生也，若骤若驰，无动而不变，无时而不移"的。同时，海洋既是"大"的："夫千里之远，不足以举其大；千仞之高，不足以极其深。禹之时，十年九潦，而水弗为加益；汤之时，八年七旱，而崖不为加损。"也是"小"的："计四海之在天地之间也，不似礨空之在大泽乎？"① 此外，海洋还体现了质变与量变的统一，所谓"江河合水而为大"。当然，海洋的"道"并不仅此而已，这个且待以后细述。

王蒙先生曾经猜测，如果孔子当年在"仁者乐山，智者乐水"之后，再说一句"勇者乐海"，我们的民族精神也许会更加丰满，也许就是另一种选择。

但是，即便抛开"海"与"水"的一体性观

————
① 《庄子·秋水》。

念不讲，孔子对"海"还是偶有论及的，譬如"道不行，则乘桴浮于海"①。于是，浮现于想象中的一叶扁舟，在苍茫而又寂寥的大海之上渐行渐远。

杳渺的烟波又化为滚滚黄尘。一位名为孔丘的老者，正安坐于辚辚的马车之上。他的神情中没有惶惶，只有安详。

（四）冷峻：一种抗争的触发

对于孩子来说，父亲的冷峻意味着即将到来的严肃说教、暴力惩戒、冷漠拥抱以及转身离去等。面对这种父亲权威的表达，成长中的孩子还会有对父亲"英雄式的抗争"。人类与海洋的关系也是如此。如果说，人类在海滩上捕蟹捉蛤、在浅水区拉网捕鱼是基于海洋"父亲"的赐予，那么乘舟在海上巡弋、到深海区危险作业则可视为对海洋这位冷峻的"父亲"的抗争。

据《两种海道针经》序言所记，在大海之上，古代航海家需要应对很多"冷峻"的问题，如各地路程远近、方向、海上的风云气候、海流、潮汐涨

---

① 《论语·公冶长》。

退、各地方的沙线水道、礁石隐现、停泊处所水的深浅以及海底情况等。抛锚之时就怕碰到铁板沙、沉礁，同时还担心停泊的地方是泥底、石底还是石剑，因为这会造成走椗或是弄断椗索。

大海的冷峻阻挡不住人类抗争的冲动，而大海也不轻易向人类低下高傲的头颅。在麦尔维尔（Herman Melville）的小说《白鲸》中，船长亚哈与白鲸莫比·迪克之间的较量成为一种抗争的隐喻。莫比·迪克使许多捕鲸者失肢断臂，船破人亡，成为捕鲸者心目中一种妖魔。被莫比·迪克咬掉一条腿的亚哈发誓复仇，并不择手段地迫使船员跟他一起作环球航行，专事搜捕白鲸。在历经艰险之后，终遇白鲸，恶战的结局是同归于尽。唯一幸存的水手以实玛利来曾经感叹：

不管幼稚的人类怎样夸耀他的科学与技术，不管在那似乎有希望的将来中，科学和技术会多么提高。然而，海洋却是直到世界末日的霹雳声，都一直要侮辱和谋杀人类，把人类所能制造出来的最雄壮最牢靠的快速舰弄得粉碎。尽管如此，这种结果还是不断地一再重现，人类已经忘记了本来就应该对海洋做出的充分的敬畏。①

海洋的"冷峻"源自其"莫测"的外表、"乖张"的行为，以及"灾难性"的后果。在不断上演的悲剧的背后，彰显的是人类的渺小与伟大。如果说对海洋的慢恿，更多的是一种孩子般的宣泄，那么对海洋的礼遇和尊敬，则必将经由抗争而致永恒。

毕竟，人是海洋之子。

四　母性：海洋意象之三

在女性主义视野内，女性具有女儿性、妻性、母性之分。就海洋的母性意象而论，它应是始于女性（女儿性）而又止于女性（妻性）的养育属性。所谓始于女性，是指海洋的女性特征是其获取母性意象的前提；所谓止于女性，则是特指人类在工具价值指导下无节制的"开发"行为，使得海洋作为母性的神圣光环渐次消退。

---

① ［美］赫尔曼·麦尔维尔：《白鲸》，曹庸译，上海译文出版社 2007 年版，第 262 页。

（一）水为阴类，其象维女

关于女性特征的描述有很多，例如《诗经·国风·关雎》中令"君子""寤寐求之"的"窈窕淑女"。美貌曰"窕"，善心曰"窈"，所以淑女应是美与善的结合，美丽而娴静。《礼记·昏义》中又有"教以妇德、妇言、妇容、妇功"之说，可以释之为女性应该贞顺、贞静、端庄、持家。

与之相适应，归结海洋的女性特征，大致有顺势、包容、滋养等。《诗经·小雅·沔水》所言"沔彼流水，朝宗于海"是海洋的"顺势"；"海纳百川，有容乃大"是海洋的"包容"；《圣经·创世纪》中上帝把水的聚集之处称为海，并说"水要多多滋生有生命之物"，则体现了海洋的"滋养"。毫无疑问，海洋的女性特征具有建构的意味，其中既有直观的映射，也有思考的总结。

"水为阴类，其象维女"一语出自清代学者赵翼《陔余丛考》，其目的是为了论证海神/水神应为女性，具有中国传统的阴阳五行理论根据。而发轫于西方的生态女性主义，则从更宽泛意义上道出了海洋的女性特征：

在大西洋海岸，海鳟、叫鱼、石首鱼和鼓鱼在岛和"堤岸"间的海湾沙底浅滩上产卵，这条堤岸像一条保护性键带横列在纽约南岸大部分地区的外围。这些幼鱼孵出后被潮水带着通过这个海湾，在这些海湾和海峡（卡里图克海峡、帕勒恰海峡、波桂海峡和其他许多海峡）中，幼鱼发现了大量食物，并迅速长大。若没有这些温暖的、受到保护的、食料丰富的水体养育区，各种鱼类种群的保存是不可能的。①

在这里，海洋通过"滋生有生命之物"，展示出其"温暖"和"庇护"的特征。众所周知的是，生态女性主义赞美弘扬关爱、养育、保护的"女性气质"，并与作为与伤害、破坏自然的"男性气质"相对应。同时，海洋是自然的一部分，而自然也被生态女性主义赋予了诸多"女性气质"。故此，海洋具备女性特征似乎名亦正且言也顺。

---

① ［美］蕾切尔·卡逊：《寂静的春天》，吕瑞兰、李长生译，吉林人民出版社1997年版，第129页。

（二）何处是故乡

故乡是一个常被天涯游子吟唱的名词：登楼临风，勾起了"日暮乡关何处是，烟波江上使人愁"的思绪；夕阳西下，滋味了"枯藤老树昏鸦，小桥流水人家"的苍凉。故乡之于你我，是炊烟袅袅的家园；故乡之于人类，则是烟波浩渺的海洋。

依据生物进化论的观点，人类起源于生命的微观，生命的微观又起源于海洋，所以海洋是所有生命最初的发源地。王琦教授在《生命健康和大海》中曾举例说，人在早期的时候，有一种腮鳞的印记，在我们胎儿身上还可以找到。海水是生命的培养液，人体细胞赖以生存的内环境组织间液电解质成分及微量元素与海水成分惊人地相似。而且，人体的内部是一个奇妙的"海洋"，一个人的胚胎发育到 3 天时，所含的体液达到 97%，与海洋中的水母所含的水一样多。在《黄帝内经》里面就有许多用海洋来论述人体、描述疾病的认识，比如髓海、气海、血海、少海，胃是"水谷之海"。中医的"海"在身体里海洋潮汐的涨落跟生理有很多关系，有如"肺朝百脉，亦尤如月潮大海"。①

　　海洋作为人类的故乡，其最重要的意蕴即是
"养育"。而"养育"又是母性的核心特征。尼采
说妇人的一切只有一个答语，这个答语便是生育。
叔本华也认为，女人的存在基本上仅仅是为了人类
的繁殖。这种近乎无礼的论调与傲慢的"父权"意
识相得益彰，但同时也道出了他们所无法抹去的神
圣事实：人类的存在与发展离不开母亲的关怀。海
洋对人类的"养育"体现在两个层面：一是
"生"，海洋是"自然人"之母；二是"育"，也就
是对"社会人"的哺育。前者上文已有阐释，后者
则可稍加论述。

　　其一，从形而下的角度来讲，海洋矿产资源要
比陆地上蕴藏的资源多40—100倍，还有很多再生
能源，如潮汐能、温差能、盐度等。海洋里有22
万多种生物，是人类的食物资源，也是药物的资
源。人类生存所需的淡水主要是来源于海洋，每年
海洋蒸发44亿立方千米的淡水，通过降水再返回
到陆地。此外，海洋还提供了经济便捷的运输途

_____

　　① 王琦教授的《生命健康和大海》一文收录于陈鹭、郭香莲主编
的《勇者乐海》一书，中国海洋大学出版社2015年版，第115—118页。

径，海防的重要性也不言而喻。简而言之，海洋既是资源的宝库、风雨的温床，又是贸易的通道、国防的屏障，当然，还有其他。

其二，就形而上的角度而言，人类以海洋为基点的思考一直绵延不绝，而且远未结束。从懵懂到清晰，从经验到逻辑，从神话到哲理，海洋既是思考的对象，也成为人类思想的载体。如果我们浏览一下所有学科门类，就不难发现海洋的无所不在，比如经济、管理、文学、理学等，钱穆先生说的"于形而下处见形而上"即是此理。同时，"道并行不悖"，海洋亦是如此。

（三）母性的归隐

对于原始先民来说，他们的世界不是一个被意识所感知的世界，而是一个被无意识所经验的世界。在这个以原始意象、以象征来经验的世界里，兴盛着自然崇拜特别是生命崇拜与生殖崇拜，母性由此而神圣。然而作为人类一种性别经验的投射，母性意象也必将随着外在社会环境的变迁而不停嬗变。在经过父权制的篡改损害之后，原初母性的神圣概念已经支离破碎。

关于产生这种效应的根源姑且不论，但海洋的母性光环也随之渐次消退的事实则有必要加以阐释。譬如《老人与海》中有段文字：

> 他每想到海洋，老是称她为 lamar，这是人们对海洋抱着好感时用西班牙语对她的称呼。有时候，对海洋抱着好感的人们也说她的坏话，不过说起来总是拿她当女性看待的。有些较年轻的渔夫，用浮标当钓索上的浮子，并且在把鲨鱼肝卖了好多钱后置备了汽艇，都管海洋叫 elmar，这是表示男性的说法。他们提起她时，拿她当做一个竞争者或是一个去处，甚至当做一个敌人。可是这老人总是拿海洋当做女性，她给人或者不愿给人莫大的恩惠，如果她干出了任性或缺德的事儿来，那是因为她由不得自己。月亮对她起着影响，如同对一个女人那样，他想。[①]

在这里，海洋既是"他"，又是"她"，而老人倾向于"她"；海洋既被"抱着好感"，又被视

---

① ［美］海明威：《老人与海》，吴劳译，上海译文出版社 2006 年版，第 22 页。

为"一个竞争者"或"一个去处""一个敌人",而老人则属于"抱着好感"之列。老人所持态度的原因,是"她给人或者不愿给人莫大的恩惠"。如果"不给",只是由于"她由不得自己"。从这些渔夫们看似矛盾的态度中,可以隐约体味到他们作为一个集体,对海洋有着居高临下般的"不敬"——包括那位令人尊敬的老人。

如果我们把这段文字与女性主义中关于"妻性"的解读相联系,也许就会豁然:一方面,相对于"女儿"或"母亲","妻子"在血缘上属于"他者"(other)。另一方面,在父权制背景之下,"妻子"身份被赋予太多的制约和轻蔑,从儒家礼教的"三从四德"到尼采"带上你的鞭子"的叫嚣,皆是如此。故此,海洋是"她"亦"他",亦敌亦友,而且注定被羞辱、被损害。

此外,敌视是对不道德求索的最佳心理慰藉——因为对方是敌人,所以一切的杀戮和掠夺都归于合理化。于是,年轻的渔夫心安理得地通过猎杀鲨鱼购置汽艇,"对海洋抱着好感的人们"也不无得意地说着海洋的"坏话"。

由此而论,母性的归隐是基于人与海洋的对立,而且这种对立更多地具有单向的敌视的性质。

由探索式的抗争到敌视式的对立，这个过渡中充斥
着人类沾沾自喜的情绪，以及行为的乖张、悖逆和
非道德。以此推之，我们甚至可以怀疑人类"保护
海洋"的端由——它并非单纯地基于人类的道德的
崇高或理性的优越，而且应该部分地源自人类的无
休止的索取和不能满足贪婪的恐惧。

(四) 纠结的母性

梳理一下上文的论述，似乎言犹未尽，而这种
感觉应该是基于以下几个纠结：

纠结之一是母性与神性、父性的关系。在三重
传统海洋意象中，母性一直交织于神性与父性，前
者有如为数众多的海洋女神，后者则如父性意象中
的"赐予"和母性意象中的"养育"相交集。然
而我们如果稍加思索，就会察觉其中细微的差别：
神性之中，女神的存在意义在于创设或管理，她们
具备神力，并通过奖惩来规范这个世界，其中也包
含人类的秩序。在女神面前，人是卑微的、被动
的、客体化的，还须要毕恭毕敬地呈上珍贵的祭
品。而母性更侧重于对人类的生养或哺育，而且她
的付出并不附带强制性的回报；父性与母性的交
集，则与人类的性别经验相一致，这个毋庸多言。

或许从另一个视阈来讲，母性与神性以及父性的纠结，亦是海洋意象的一种延承罢了。

之二是母性与女性问题。本文把母性定义为始于女性（女儿性）而又止于女性（妻性）的养育属性，其中女儿性主要是女性在少女时代所具有的纯净、自由的天性；妻性是女性后天生成的被损害性。在这里，母性区别于女儿性和妻性，但同时母性又是以两者为前提，也就是说没有女儿性和妻性，就无所谓母性的存在。所以，尽管母性不等同于女性，但母性又动态地兼容了女性所有特征。

之三则是关于"养育"。在养育概念中有一个潜在的区分，那就是对象的区别——人类和海洋生物。海洋养育人类，当属人文范畴；海洋养育人之外的其他生物，则属自然范畴。钱穆先生有言："育化二字，有自然与人文之辨，倍当深究。"① 对此深以为同。

---

① 钱穆：《晚学盲言》，广西师范大学出版社 2004 年版，第 261 页。

第二章

德性与海洋的德性

黑格尔在《逻辑学》导言里有所告诫：被"科学"当成出发点的任何一组"公设"（或者笛卡儿的"自明之理"），都可以从不同角度进行非常不同的理解，从而推演出非常不同的科学体系。① 所以，既然谈海洋的德性，就有必要首先界定一下德性。

一 德性辨：兼论道德与伦理

一位骑着青牛的老者从东边缓缓而来，太阳躲在他背后。打着赤脚的苏格拉底站在路中央："老聃啊，诸神在上，您能告诉我什么是德性吗？"

"上德不德，是以有德；下德不失德，是以无

---

① 转引自汪丁丁《试说现代性》一文，《读书》1997 年第6 期。

德。上德无为而无以为；下德无为而有以为。"①

苏格拉底沉思良久："搞不太懂哎。还是问第二个问题吧，德性即知识吗？"

老聃没有回答，因为牛已走远了。

（一）中国传统文化中的德性

金春峰先生以甲骨文、金文和《周书》为据，对"德"字进行了历史考察，认为其原始义并非

---

① 高亨解释说："上德""有德""无德"，这三个"德"字指自然德性，即儿童的淳朴天真。（《老子》第五十五章："含德之厚，比于赤子。"）"不德""下德""不失德"，这三个"德"字指人类创造的"仁""义""礼""智"等德目。所以，老子认为：具有道家修养而有上等品德的国君，不要仁义礼智等德，所以所以才保有自然的品德。下等品德的国君，掌握仁义礼智等德而不失掉，所以就没有自然的品德。老子又认为：上等品德的国君，不做作，可是没有什么做不到的；下等品德的国君，强调做作，可是，有许多事做不到。（高亨，《高亨著作集林·第五卷》，清华大学出版社2004年版，第329页。）

任继愈先生的解释与之相同，但更为明了："上德"不在于表现为形式上的"德"，因此就是有"德"。"下德"死守着形式上的"德"，因此就是没有"德"。"上德"无所表现，并不故意表现它的"德"。"下德"有所表现，并故意表现它的"德"。

不过，任先生还评价说，老子认为凡是符合"无为"的行为，就符合了"道"的原则，因此就是"有德"。反之则反。社会的变动，都是由于破坏了"道"的原则引起的。他对当时破坏奴隶制的进步的变革采取敌视的态度。他所称赞的淳厚、朴实，都是对过去旧时代的怀恋，对新事物的嘲讽。这是一种倒退的历史观。对于任先生的这个观点我暂且保留意见。

"道德""德行"，而系全生、保全生命，引申为恩惠德泽；① 初为政治范畴，以后扩展为哲学范畴，与"性"为同类概念。李泽厚先生亦认为："德"被理解为统治者的方术、品德以至被理解为道德，是远为后来的事情。

这件"远为后来"的事情其实并不算远，应该就发生于春秋战国时期。而其中的一个关键人物，就是那位骑着青牛缓缓西行的老子。《道德经》涉及统治者的方术（生民之道），这是显而易见的，其中最为著名的佐证便是"治大国若烹小鲜"②。但《道德经》又把统治方术提高了一个

---

① 金春峰先生在《"德"的历史考察》［于《陕西师范大学学报（哲学社会科学版）2007 年 11 月》］中提出，周金文中之"德"字承甲骨文"徝"字而来，但在下面加上"心"。"徝"乃征伐、征讨，演变为周代金文之"德"，代表从杀戮、消灭生命转到保全其生命。而保生全生是对人的最大恩惠与德泽，表现在政治上，其内涵是保民，争取民心。周公引殷商兴衰的历史教训，反复告诫成王："惟王其疾敬德。王其德之用，祈天永命。"（《周书·无逸》）

② 唐玄宗《御制道德真经疏》卷八称："此喻说也。小鲜，小鱼也。言烹小鱼不可挠，挠则鱼溃。喻理大国者，不可烦，烦则人乱。皆须用道，所以成功尔。"明太祖在《御注道德真经》卷下说："善治天下者，务不奢侈，以废民财，而劳其力焉。若奢侈者，必宫室台榭诸等徭役并兴擅动，生民农业废，而乏用国危，故设以烹小鲜之喻，为王者驭天下之式。"

境界，就此我们不妨看一看老子关于"治大国如烹小鲜"的论述：

> 治大国若烹小鲜。以道莅天下，其鬼不神；非其鬼不神，其神不伤人；非其神不伤人，圣人亦不伤人。夫两不相伤，故德交归焉。①

陈鼓应《老子今注今译》译云："治理大国，好像煎小鱼。用道治理天下，鬼怪起不了作用，神祇也不侵越人；不但神祇不侵越人，圣人也不侵越人。神祇和有道者都不侵越人，所以德归会于民。"②

"交归"就是各方之德交汇而化至道，其道又生德，故两不相伤。用老聃自己的话来讲，"交

---

① 《道德经》第六十章。
② 王弼注云："不扰也，躁则多害，静则全真。故其国弥大，其主弥静，然后乃能广得众心矣！治大国则若烹小鲜，以道莅天下则其鬼不神也。神不害自然也，物守自然则神无所加，神无所加，则不知神之为神也。道洽则神不伤人，神不伤人则不知神之为神也。道洽则圣人亦不伤人，圣人不伤人则不知圣人之为圣也。夫恃威网以使物者，治之衰也。使不知神圣之为神圣，道之极也。神不伤人，圣人亦不伤人；圣人不伤人，神亦不伤人。故曰：两不相伤。神圣合道，交归之也。"

归"其实就是一个"冲气以为和"的过程。所以，治合乎于道，则归之于德，这即是老聃的观点。如若抛开"治大国"这个层面，我们就可以说：德（德性）来自于道，和道是一种体用关系；德（德性）就是万物的本性，存在于万物之中，是万物之所以是万物的原因。① 所以单从文本上讲，把"德"扩展到哲学范畴的，应是道家。

把"德性"扩展到品德或道德并体系化的应该是儒家。《礼记·中庸》说："故君子尊德性而道问学，致广大而尽精微，极高明而道中庸，温故而知新，敦厚以崇礼。"这句话大致体现了"德性"与"礼"产生关系的推演过程。

儒家所谈的"德性"与道家不同，道家的德性讲的是万物的本性，儒家的德性指的是人的至诚之性。② 而"诚者天之道也，诚之者人之道也"，③ 所以，"德性"必合乎于"人之道"。"致

---

① 高亨先生在《老子正诂》的卷首说："今详审老氏之书，略稽庄生之言，而予以定义曰：德者万类之本性也。"老子道家所讲的德，即是性之义，德就是指本性而已，所以德论就是性论，就是物性论和人性论。

② 关于"故君子尊德性而道问学"，郑玄注曰："德性，谓性至诚者也。"

③ 《礼记·中庸》。

广大、极高明"应该是和"尊德性"相一致的，"尽精微、道中庸"则与"道问学"相契合。通过"温故而知新"，达到"敦厚以崇礼"。

由此，儒家创立了一套很了不起的仁礼统一的德性理论，仁和礼一里一表，其系统具有极强的张力，并逐渐成为中国社会之正统。为什么《资治通鉴》的开篇是周威烈王二十三年（公元前403年）？原因是周天子承认了瓜分晋国的韩、赵、魏三家的诸侯地位，一件非常不合于礼的事实被认可，可谓礼崩，战国便由此开始了。

如同黄河的上游原本清且涟兮，到了下游却黄浊不堪一样，"德性"一词在之后的时间内被赋予了越来越多的内容，有的甚至是相互违逆。汉儒董仲舒把五行与仁义理智信一一对应起来，是谓"五常"。不过我总是疑惑：木主仁、火主礼、土主信、金主义、水主智，这个说法尚可接受，但依照他五行以土为贵的说法，把"信"提到这么高的层次却是牵强得很；而且五常之间相生尚可，相克又怎么讲？此外儒家学说在传世的过程中，原本先验的"德性"逐渐被具体的德目规范替代，尤其到了明代，儒学大家出了很多，但知行却严重脱节，原本很能促进个人修行修心的

"存天理，灭人欲"被严重扭曲了，士林之堕落、社会风气之败坏更是令人黯然神伤了。

（二）德性与知识

德性一词所对应的英文是 virtue，译自拉丁文 virtus。而拉丁文的 virtus 又译自希腊文中的 arete。

古希腊的苏格拉底对那些声称可以传授德性并为此收取学费的智者很是反感——对此，收取学生束脩的孔夫子瞥来一个不以为然的眼神——他曾与美诺探讨过德性（arete）是不是知识（德性是否可教）的问题，最终的结论是德性是通过神的恩赐而来，但他不能回答人如何得到德性这个问题，因为他还不知道德性的自身是什么。[①] 不过，他学生的学生亚里士多德曾在《尼各马可伦理学》中尝试着解释：一切德性，只要某物以它为德性，就不但要使这东西状况良好，并且要给

---

① 苏格拉底："Then, Meno, the conclusion is that virtue comes to the virtuous by the gift of God. But we shall never know the certain truth until, before asking how virtue is given, we enquire into the actual nature of virtue. I fear that I must go away, but do you, now that you are persuaded yourself, persuade our friend Anytus. And do not let him be so exasperated; if you can conciliate him, you will have done good service to the Athenian people."

它优秀的功能；人的德性就是种使人成为善良，并获得其优秀成果的品质。

据此，我们可以得到两个重要的信息：其一是德性的主体，既可以是人，也可以是"某物"。这个理解，应和道家所持有的德性观点相一致；其二，"德性"不但要使"这东西状况良好"，而且要给它"优秀的功能"，人的德性需使人向善——这里面关于人的德性的观点倒是与儒家的观点有一些相通之处。

及此，我们就可以展开推理：那种自然的、天赋的、"神的恩赐"的德性，也就是万物之所以是万物的德性，是不可教的，所以不是知识（因为按照苏格拉底的说法，知识是可教的）；而那种"使人称为善良的德性"是可教的，所以是知识，这一点在人类经验与实践上都可以验证。

现在再回到本节开篇老聃所说的话："上德不德，是以有德；下德不失德，是以无德。上德无为而无以为；下德无为而有以为。"高亨先生解释说，"上德""有德""无德"，这三个"德"字指的是自然德性，即儿童一般的纯朴天真；"不德""下德""不失德"，这三个"德"字指人类创造的"仁""义""礼""智"等德目。这个解释还是有一定道理的，因为先生已经区分出两种"德"的不同："上德"即是万物之本性的德性，"下德"则是"使人称为善良的德性"或道德。

孟子说："尧舜，性者也；汤武，反之也。"①其中的"性"和"反"应该这样理解：一切行为皆由天赋德性而来，是为性之；见人如此而反求于自身，是为反之。前者是"自诚明"，后者是"自明诚"。②《中庸》讲："天命之谓性，率性之谓道，修道之谓教。"这句话也可从"性之"和"反之"的意义上来解读。

综而言之，本性意义上"德性"不是知识，"使人称为善良的德性"是知识。或借用老聃的词语："上德"非知识，"下德"即知识。

公元前 492 年，孔子从卫国去陈国时经过宋国。因为他与宋景公原系同宗同族，名头又响，弟子又强，所以宋景公准备出城迎接。时任宋国司马的桓魋却担心孔子会影响自己的权势，竟不经国君

---

① 《孟子·尽心章句下》。

② 此观点来自钱穆先生所著的《晚学盲言》中的《知识与德性》章节。另，《中庸》云："自诚明，谓之性；自明诚，谓之教。"也是这个道理。

同意，带着人马杀气腾腾而来——做了梁国国相的惠施听说老朋友庄周来了也是这个反应。当时孔子正与弟子们在大树下演习周礼，桓魋便命人砍倒大树，摆出了一副很不友好的样子。孔子师徒只好离开了宋国，途中，孔子说："天生德于予，桓魋其如予何？"

这句话的含义很复杂，如果孔子是愤愤然说的，那么就可以理解为"他又能把我怎样"；如果是悲天悯人地讲的，那么可以理解为"他的德性怎如此不堪呢"；如果是微笑着讲的，那么很有可能就是对弟子们的安慰或自我宣示——本来也不屑与桓魋为伍的。无论如何，尽管"天生德于予"是一个人皆有之的事实，但经孔子这么一讲，顿时便让人有了高山仰止的感觉。

（三）德性、道德、伦理

关于什么是"德"的问题，我们前文已有探讨，概而言之，就是"德"生成于"道"，有事物本性的意思。"道"是"德"之体，"德"是"道"之用。《易经》有语："成性存存，道义之门。"钱穆解释为成性即德，也就是说"德"来自对"性"的成就，这个阐释也可以作为一个佐证。

　　而所谓"性"，其本义为"生"①，傅斯年在《性命古训辨证》中有论："独立之性字为先秦遗文所无，先秦遗文中皆用生字为之。至于生字之含义，在金文及《诗》《书》中并无后人所谓'性'之一义，而皆属于生之本义。后人所谓性者，其字义自《论语》始有之，然犹去生之本义为近。"②除了"生之为性"的观点以外，庄子认为"形体保神，各有仪则，谓之性。"③《中庸》亦有言："天命之谓性。"虽然表述略有区别，但基本均赞同"性"禀赋于自然。

　　然而需要区分的是，"德"与"性"虽属于同类概念但指向不同，"德"侧向事物的人文属性，"性"侧重事物的自然属性，"德"是"性"之所得，是"性"之舍、"性"之成。"德性"虽有自然属性和人文属性之分，但是都无所谓善恶，告子所言的"性无善无不善"即基于此。进一步

————————

　　① 性是某一物天生而具有者：荀子"生之所以然者谓之性"（《荀子·正名》），董仲舒"如其生之自然之质谓之性"（《春秋繁露·深察名号》），皆以人天生而赋有的材质以言性，反映的正是"性"的原初意义。

　　② 傅斯年：《傅斯年全集》（第二卷），台湾联经出版事业公司1980年版，第506页。

　　③ 《庄子·外篇·天地》。

来讲，"德性"的自然属性是一事物之所以成为该事物的本性；人文属性则是经过人的能动认知，对自然属性进行人文意义上的解读或文化赋予。所以就此而言，德性的人文属性天然地契合于自然属性，而且人文属性必是属性的概念。例如，铁的自然属性中有坚硬，人文属性则有坚韧、刚强等。

如果我们把"德性"与"道德""伦理"对比一下，可能会更加清晰其内涵。道德是人的内在规范，作用于个体的行为、态度及其心理状态，而"伦理"为外在社会对人的行为的规范和要求。所以，"道德"与"伦理"，其本质属性是规范。从形式逻辑的角度来讲，"道德"和"伦理"都是相对概念，反映了事物与人类的某种关系。而"德性"则是一个绝对概念，反映事物的某种性质。关于"道德"与"伦理"的命题必须基于价值判断（value judgement），也就是讨论行为的应然性即"应该如何"的问题；关于"德性"的命题必须基于事实判断（fact judgement），只陈诉客观事实，也就是"是什么"的问题。

再回到"德性"的话题，曾有人用"尧舜，性者也；汤武，反之也"① 这句话来质疑，说按照我的逻辑，尧舜岂不是不讲道德的人？我的回答是这样的：尧舜遵从本性来行事，表面上看他们是不讲"道德"这个观念，但他们的行为却合于伦理道德，所以他们才会被后人尊之为圣人。老聃所讲的"天地不仁，以万物为刍狗；圣人不仁，以百姓为刍狗"②，如果从这个角度来理解也会非常清晰：天地和圣人，都是遵从本性而动，虽"不讲道德"，但是都合乎大道，所以即便人们用道德的视角看来也是圆满的。

此外，也许我们会存在这样一个疑问：既然"德性"的本身是非评价性的，那么为什么在历史上还存在"性本善"或"性本恶"的争论呢？

答案很简单：是由于对"德性"概念的不同认知。上文已经述及，"德"是一个流变的概念，所以不同文本常常会产生混同现象，有如把"德性"等同于"道德"。然而，即便从"道德"的视角看来，坚持"性本善"或"性本恶"也都是有缺陷的，因为善与恶是一个混成的存在。例如对于"性

---

① 《孟子·尽心章句下·第三十三节·尧舜》。
② 《道德经》第五章。

本善"论者，就不能解答"善之花如何结出恶之果"的诘问，反之亦然。

二　海洋浅说

在中国古人的观念里，海是一种"极"或"边际"。四海之内，莫非王土；四海之外，皆为狄夷。而在西方人的眼中，古代中国像是一个大农场，四海如同漏洞百出的篱笆墙。不过，如若由此推论古代的西方海洋文明是如何高明，倒是有了夜郎自大的嫌疑。毕竟在近代之前，西方海洋文明也只是在地中海这个陆间海周遭打转儿。

（一）三生万物：海洋的形成

曾有学生问及：为什么老聃说"道生一，一生二，二生三，三生万物"？我说"道生一，一生二，二生三"比较容易理解，有了"道"便有了"一"，"二"指的是阴和阳，《易经》也讲"一阴一阳谓之道"。不过，主要的问题是"三生万物"，理解它的关键在于老聃随后的一句话："万物负阴而抱阳，冲气以为和。"也就是说，阴、阳、和，只有达到这三个要素才有"物"的形成，万物都遵循此理，所谓的"孤阴不生，独阳不长"也就是这个意思。下面，我们不妨就在老聃的这个概念之下，从地质学的角度来解释一下海洋的形成。

先是"一生二"阶段，也就是化生海洋的"阴"与"阳"形成阶段。

大约在50亿年前，从太阳星云中分离出一些大大小小的星云团块。它们一边绕太阳旋转一边自转，在运动过程中互相碰撞、结合，逐渐成为原始的地球——那是一颗既没有水，也没有生命的星球。星云团块碰撞过程中，在引力的作用下急剧收缩，加之内部铀、钍等放射性元素蜕变生热，使得原始地球不断增温，甚至达到炽热的程度。当内部温度达到足够高时，一些物质如铁、镍等开始熔解。在重力的作用下，重物质就沉向内部，形成地核和地幔，较轻的物质则分布在表面，形成地壳。

在冷却凝结过程中，地壳不断受到地球内部剧烈运动的冲击和挤压，因而变得褶皱不平，有时还会被挤破，形成地震与火山爆发，喷出岩浆和水蒸气、氢气、氨、甲烷、二氧化碳、硫化氢等气体。由于地心引力的缘故，这些气体无法逃逸，只好在地球周围形成一个圈层。这种轻重物质分化，产生大动荡、大改组的过程，大概是在45亿年前完成了。地壳经过冷却定型后，地球"就像个久放而风干了的苹果"，表面皱纹密布、凹凸不平。高山、平原、河床、海盆，各种地形一应俱全了。

以上这个阶段，蒸腾而上的水汽可谓化生海洋的"阳"，虚空居下的海盆可谓化生海洋的"阴"。下面这个阶段，则是"冲气以为和"，也就是阴阳交感的过程。

由于原始地球的地表温度要高于水的沸点，所以当时的水都以水蒸气的形态存在于原始大气之中，天空中总是彤云密布。随着地壳逐渐冷却，大气的温度也慢慢地降低，水汽以尘埃与火山灰为凝结核而变成水滴，于是倾盆大雨从天而降。又因为冷却不均，空气对流剧烈，电闪雷鸣、狂风怒号，久久不息。暴雨落地后化为浊流，尔后又汇集成滔滔洪水，浩浩汤汤地穿过纵横交错的川壑，于海盆处形成巨大的水体，这就是原始的海洋。

以上描述似乎看似比较圆满，不过，把"三生万物"理解到这个层面是不够的，因为"生"不仅仅是生成（born），还有使之存在（being）之意。

而且在这个使之存在的过程中，"万物负阴而抱阳，冲气以为和"始终起作用，或者说就是这个过程本身。那么，对于海洋来说，这个过程是如何体现的呢？请接着看科学家们的描述：

在原始的海洋里，海水不是咸的，而是带酸性的。在随后的漫长岁月里，反反复复的降雨把陆地的盐分不断地汇集于海水中，海底岩石中的盐分也被静静地溶解。就这样经过亿万年的积累融合，海水变咸了。同时，由于大气中当时没有氧气，也没有臭氧层，紫外线可以直达地面。靠着海水的保护，生物首先在海洋里诞生。大约在38亿年前，就在海洋里产生了有机物，现有低等的单细胞生物。在6亿年前的古生代，有了海藻类，在阳光下进行光合作用，产生了氧气，慢慢积累的结果，形成了臭氧层。此时，生物才开始登上陆地。

负阴抱阳、冲气为和，就是这么一个永远处于运动之中的存在状态。每一粒细小的沙子、每一朵纤弱的花朵，以及这浩瀚的海洋、深邃的宇宙，都是如此。佛家所说的"一花一世界，一叶一菩提"，也是此理。哲学家们所讲的否定之否定或扬弃、音乐家们所讲的正反合、科学家们所讲的分形学中的自相似性①，恐怕与此亦有相通之处。

（二）初识海洋：四海、九州与波塞冬

中国古人的认识里，海即是"晦"，也就是朦朦胧胧看不到边，他们喜欢把宏大的、难以琢磨的、无边无际的事物称之为海，例如学海、宦海、海量，当老和尚劝诫恶人"放下屠刀，立地成佛"的时候，都要苦口婆心地追加一句"苦海无边，回头是岸"。

---

① 1967 年，Mandelbrot 在美国权威的《科学》杂志上发表了题为《英国的海岸线有多长？统计自相似和分数维度》（How Long Is the Coast of Britain? Statistical Self-Similarity and Fractional Dimension）的著名论文。海岸线作为曲线，其特征是极不规则、极不光滑的，呈现极其蜿蜒复杂的变化。我们不能从形状和结构上区分这部分海岸与那部分海岸有什么本质的不同，这种几乎同样程度的不规则性和复杂性，说明海岸线在形貌上是自相似的，也就是局部形态和整体态的相似。在没有建筑物或其他东西作为参照物时，在空中拍摄的 100 公里长的海岸线与放大了的 10 公里长海岸线的两张照片，看上去会十分相似。事实上，具有自相似性的形态广泛存在于自然界中，如：连绵的山川、飘浮的云朵、岩石的断裂口、粒子的布朗运动、树冠、花菜、大脑皮层等，Mandelbrot 把这些部分与整体以某种方式相似的形体称为分形（fractal）。1975 年，他创立了分形几何学（Fractal Geometry）。在此基础上，形成了研究分形性质及其应用的科学，称为分形理论。

　　不知道远古的人类第一次见到海洋会是什么感觉，如果由己推人，我相信第一个反应定然是惊愕。

　　庄子曾经讲了这么一个寓言：秋天的洪水随着季节涨起来了，注入了千百条江河之水的黄河变得浩浩汤汤，两岸的水边、洲岛之间不能辨别牛马。于是黄河神河伯自己十分欣喜，以为天下之美全集中在自己这里了。他顺着流水往东走到了渤海，朝东望去看不到水边。于是乎河伯才收起了欣喜的脸色，抬头看着渤海神若叹息道：有句俗话说："听到了许多道理，就以为没有人比得上自己。"这个说的就是我呀。并且我曾经听到有人小看孔仲尼的见闻、轻视伯夷的义行，开始我还不相信；如今我看见您的大海难以穷尽，如果自己不到您的面前来的话就危险了，我会永远被明白大道理的人所讥笑。[①]

----

　　① 《庄子·秋水》：秋水时至，百川灌河。泾流之大，两涘渚崖之间，不辨牛马。于是焉，河伯欣然自喜，以天下之美为尽在己。顺流而东行，至于北海，东面而视，不见水端。于是焉河伯始旋其面目，望洋向若而叹曰："野语有之曰：'闻道百，以为莫己若者。'我之谓也。且夫我尝闻少仲尼之闻，而轻伯夷之义者，始吾弗信，今吾睹子之难穷也，吾非至于子之门，则殆矣，吾长见笑于大方之家。"

　　河伯从欣然自喜到望洋兴叹,[1] 其直接的原因是看到了海的渺无边际。也正是因为海的无边无际,所以海便成为一种边际。基于此,中国古代有了东南西北"四海"观念:北海就是现在的渤海湾,渤海湾以外长江入海口以北是东海,以南是南海。之所以用长江口来划分,是因为古代地理上的南北是以长江为界的。剩下一个西海,古人多是泛指高原上的湖泊,比如青海湖、巴尔喀什湖、里海,也可能是指黑海到地中海一带的大海,如《隋书　西域传》记载:"至于后汉,班超所通者五十余国,西至西海,东西四万里,皆来朝贡,复置都护、校尉以相统摄。"公元 8 年,接受了"禅让"的王莽建立了新朝。具有完美主义倾向的王莽胁迫羌人"献"出青海湖一带的土地设立了西海郡,以便与国内已有的北海郡、南海郡、东海郡合起来凑全"四海"。所以,如果一定要给西海找一个相应

---

　　[1]　需要说明的是,望洋兴叹中的"洋"不是海洋的"洋"。《流沙河认字》第 55 页解:"成语'望洋兴叹'易生误解,以为'望洋'就是望着海洋,叹其浩渺无际。不知道'望洋'为连绵形容词,义寓声内,不可扣这字讲,所以也允许作'望阳'或者'望羊'。望也不是望观,以音求之,当即'惘'也。望洋者,迷惘之貌也,既非非用目视不可,亦与海洋无涉。"(现代出版社 2010 年版)

的位置，青海湖当是比较合适的选择。

　　不过，还有另一种关于"四海"的解释。《尔雅·释地》中讲："九夷、八狄、七戎、六蛮，谓之四海。"而关于夷、狄、戎、蛮，《礼记·王制》有记："东方曰夷，被发文身，有不火食者矣；南方曰蛮，雕题交趾，有不火食者矣；西方曰戎，被发衣皮，有不粒食者矣；北方曰狄，衣羽毛穴居，有不粒食者矣。"所以，《尔雅·释地》中的"四海"，是一个以生活在东、北、西、南不同方位的边民而界定的概念。《史记·五帝本纪》也讲道："南抚交阯、北发；西，戎、析枝、渠廋、氐、羌；北，山戎、发、息慎；东，长、鸟夷。四海之内，咸戴帝舜之功。"由此可见，把"四海"作为四方边陲来理解是合理的，它区别于地理意义上实际存在的东西南北"四海"，但两者在"边际"的意义上是一致的。

　　关乎海洋初印象的，中国古人除了"四海"观念，还有"大小九州"学说。① 战国时期的邹衍认

───────────

　　① 邹衍说："所谓中国者，于天下乃八十一分居其一分耳。中国名曰赤县神州。赤县神州内自有九州，禹之序九州是也，不得为州数，中国外如赤县神州者九，乃所谓九州也。于是有裨海环之，人民禽兽莫能相通者，如一区中者，乃为州。如此者九，乃有大瀛海环其外，天地之际焉。"（《史记·孟子荀卿列传第十四》）

为世界这么大：共有九大洲，每一大洲又分九州，
中国是九州之一，称赤县神州。九大洲之内，州
与州之间被"裨海"分割环绕；九大洲之外，又
被"大瀛海"所包围，是天地的边际。很显然，
这是一种与实际情况相当接近的海洋型地域观，
虽是建立在地平说之上，但这个猜想足以令人惊
诧不已。按照如今教科书上的定义，海洋即是地
球上相互连通的区域，其中洋（Ocean）是指地球
上连续巨大的咸水体，是海洋的主体；海（Sea）
位于大陆边缘，形态各异的水体，是海洋的附属
部分。如果把"裨海"视为如今所指称的海，把
"大瀛海"视为如今所指称的洋，那么这个学说就
更了不起了。

　　在古希腊人的认识里，世界上最令人无可奈何
的事物有两个，一个是石头，一个是海浪。① 石头
既可以让人想到古希腊人贫瘠多石的土地，也可以
联想到海洋中的礁石或岛屿的石岩。希腊神话中，
海上女妖就是用歌声蛊惑航海者，使船只撞上礁

──────────

　　① 在古希腊著名的悲剧《美狄亚》中，当美狄亚知道了她丈夫伊
阿宋辜负了她准备另娶科任托斯城国王克瑞翁的女儿格劳时，"她便一直
在流泪，憔悴下来，她的眼睛不肯向上望，她的脸也不肯离开地面。她就
像石头或海浪一样，不肯听朋友的劝慰"。

石。还有"撞岩"——位于黑海海口的两个石岛，传说船只通过时两石岛会夹击，当阿尔戈号船经过这里时先放出一只鸽子，两石相撞夹住一点尾羽，等它们分开时船只快速通过。

临海而居的古希腊人依海而生，风浪和礁石自然赢不得他们的好感，但赢得了他们的敬畏。那位桀骜的、暴躁的、多情的，却又能给人带来丰收的神灵波塞冬，也就应该是他们心目中的海洋形象了。作为海神和水神的波塞冬，还是大地的震撼者、大地的占有者。对此，有人解读为古希腊人拥有一种"海洋环绕着大地，托举大地于其位"①的观念。这个解读比较中肯，个人觉得如果从海陆一体性或人海关系的角度再加以延伸，也未尝不可。

最有解读意义的是波塞冬的三叉戟，在和雅典娜打赌时，他用三叉戟敲击海面，海面上跃出一匹骏马；当刚刚逃脱海难的英雄小埃阿斯在古

① 例如在《奥德赛》中，宙斯说波塞冬"环拥大地"；在《提修斯传》中，一个神示说，雅典会像酒囊一样在海上漂浮，受苦而不沉没。又及：这个观念与《列子·汤问》中的"龙伯钓鳌"有相似之处：据说渤海的东面有五座大山，天帝使十五只巨鳌轮番顶戴五座仙山，而伯龙之国巨人则一钓而连六鳌。

赖角的悬崖边夸口之时，他用三叉戟削落了英雄脚下的岩石，使其坠海而死；他挥动三叉戟，大地和海洋便会"发寒病一般颤抖"，引起海啸和地震；他举起三叉戟击碎岩石，从裂缝中流出的清泉浇灌大地。由此可以看出，掌管海洋与大地的波塞冬才是与人类关系最密切的神灵，"叉"的造型既适用于渔猎，也适用于耕作。之所以波塞冬作为海神的形象更为突出，应是古希腊人对海洋更为依赖的缘故。

（三）鱼盐之利与舟楫之便

贝丘，又称贝冢，以包含人为造成的规模化贝类堆积为主要特征的古代遗址类型。也就是说，早期的人类以贝类为食物，取其肉而弃其壳，日积月累，就形成了贝丘。贝丘遗址在世界各地有广泛的分布，大都属于新石器时代，有的则延续到青铜时代或稍晚。例如丹麦东部沿海的贝丘遗址属于中石器时代晚期的埃特博莱（Ertebolle）文化，英国、法国、意大利、西班牙、葡萄牙和北非的贝丘年代一般也是从中石器晚期到新石器时代早期，南非和日本北部的贝丘则从新石器时代持续到铁器的出现。在中国沿海，发现贝丘遗址最多的是辽东半岛、长山群岛、山东半岛及庙岛群岛，此外在河北、江苏、福建、台湾、广东和广西的沿海地带也有分布——这是一个史前沿海半月形文化带。

随着时间的推移，早期的人类从捡贝壳、钓鱼、煮盐等海边活动，发展到可以乘小舟到近海捕捞。先在近距离的沿岸，尔后到邻近的岛屿，再后跨越半岛或海峡，进而开始远距离的漂航。舟楫之便，给人类带来的是捕捞的丰硕、贸易的兴盛与战争的频繁，文化交流融合则是副产物。而且从历史看来，对于海洋的开发利用，中国古代重视鱼、盐，而西方偏重商、战。

我们再回到古希腊。希腊半岛位于地中海中心，而且与埃及、巴比伦、波斯等古文明声息相通。通过数十条帆船航线，古希腊人可以乘风破浪，前往黑海沿岸、叙利亚、意大利、西班牙乃至非洲。除了海上贸易，这些航线还用于战争。大约从公元前1050年起，古希腊人驾船出海，向爱琴海东面的小亚细亚进行殖民，建立了米利都、以弗所等重要城邦。到了公元前8世纪中期，他们开始向海外大规模殖民，并且持续了两个多世纪，直到约公元前500年时才结束。他们在地中海和黑海沿岸建立起数以百计的新城邦，大多距离大海不到四五十公里的范围之内。

值得一提的是，被视为古希腊航海文明起源的是一艘名叫"阿尔戈"的帆桨船，由神话中寻找金羊毛的英雄们乘坐。如果用一句话来概述一下这个神话故事，那就是古希腊的英雄们乘船出海抢夺到了一件名为金羊毛的宝物。如此看来，通过海路进行掠夺和战争，还真是古希腊人乃至西方人的传统。

古代中国当然也有海战，但不频繁，因为基于战争成本的考虑，大部分必要或不必要的战争都是在陆地上完成的。历史上最早的海战是吴齐海战：公元前485年春，吴王夫差兵分两路北伐齐国，自己亲率主力搭乘内河战船由邗沟入淮河北上，直逼齐国南部边境。大夫徐承从海路绕道齐国后方，实行远航奔袭。齐国海军在今山东琅琊台附近黄海海域迎战吴军海师，结果以吴国失败告终。吴齐海战说明当时中国海洋作战力量在武器装备、船舶建造、战略战术以及航海科学技术等方面已经成熟并进入大规模运用时期。

而最值得中国人缅怀的应当是1279年的崖山海战，也就是宋元之间的决战。此时宋军兵力号称二十多万，实际其中十几万为文官、宫女、太监和其他非战斗人员，各类船只两千余艘；元军张弘范和李恒有兵力十余万（一说为三十万），战船数百艘。在败局已定的情况下，数以十万计的南宋随行军民宁死不降、蹈海而死，中国古典时代至此终结。文天祥恸哭而诗之："六龙杳霭知何处，大海茫茫隔烟雾。"①

三　海洋四主德：玄·容·动·生

亚里士多德说马的德性在于它善于奔跑，眼睛的德性在于它的视力灵敏。许慎说玉有五德："润泽以温，仁之方也；䚡理自外，可以知中，义之方也；其声舒扬，专以远闻，智之方也；不挠而折，勇之方也；锐廉而不忮，洁之方也。"②很显然，两者所说的"德"是不一致的，前者所关注的是事物的功能、属性或特征，后者则于特征之外赋予了更多的人文意义。再如管子，他认为水有四德："夫水淖弱以清，而好洒人之

① 参见文天祥《二月六日海上大战国事不济孤臣天祥坐北舟中》，海战之前文天祥已被北兵所俘。

② （东汉）许慎：《说文解字》。

恶，仁也；视之黑而白，精也；量之不可使概，至满而止，正也；唯无不流，至平而止，义也；人皆赴高，己独赴下，卑也。卑也者，道之室，王者之器也，而水以为都居。"[1] 他的推演方式与许慎如出一辙。

关于海洋的德性，为了避免与道德、伦理相混淆，所以不妨都从自然的本质特征的角度展开，暂且不作进一步的人文意义上解读。当然，即便论及海洋的自然属性或特征，值得考虑的词语就有很多，比如水体、连通、广袤等，而归纳起来主要有四：玄、容、动、生。

（一）玄

《说文》有释："玄，幽远也。"其含义和"海者，晦也"中的"晦"有相通之处，又如同古人也把海称为"溟"一样，有浩渺幽深、不可知也之意。传统海洋意象中的神性意象，大多来自于此。

海洋之玄，首先在于它的古老。古老是一个比较模糊的时间概念，但在地球之上，能够比海洋还

---

① 《管子·水地篇》。

要古老的事物少之又少，这一点我们可以从前文关于海洋的形成中得知。即便是在《圣经》的叙述中，神也是在继创设了光、空气和水之后的第三日就创造了海洋。

海洋虽是古老的，但它是一种历经沧桑的古老、是一种历久弥新的古老。就此意义而言，我们可以借用一句无名氏的五言诗：君生我未生，我生君已老。人类的文明史与海洋的历史相比，真的就如同一片落花飘零在海面、一颗寒星闪烁于夜空。

海洋之玄，还在于它的深广。西晋的潘岳，也就是中国历史上最知名的美男子潘安，曾随其父游历山东琅琊，然后写下了一篇流传至今的名作《沧海赋》，开篇便是"徒观其状也，则汤汤荡荡。澜漫形沈，流沫千里，悬水万丈。测之莫量其深，望之不见其广"。

从太空遥望地球，那是一颗拥有迷人的宝石蓝色的星球。而这种具有独特魅力的蓝色，就源自海洋。海洋覆盖了地球表面的大部分区域，约 3.62 亿平方千米，这就是它的"广"。至于它的"深"，很多人知道最深处是太平洋的马里亚纳海沟，其最深点由苏联的"维迪亚兹"（Vityaz）船于 1957 年

利用声波反射装置所测得①，为 11034 米。11034 米
的深海是一个什么样的世界？1960 年 1 月，瑞士著
名深海探险家雅克·皮卡尔与美国海军中尉多恩·
沃尔什驾驶"的里雅斯特"深水探测器，在人类历
史上首次下潜至马里亚纳海沟万米深处进行科学考
察。他们看到的主色调是黑色，外观则如同荒漠。
那里的海水也很平静，除了潜水器激起的水流外，
再也没有惊涛骇浪。2012 年 3 月，著名电影制片人
和导演卡梅隆乘坐"深海挑战者"号潜艇，下潜到
深达 11034 米的马里亚纳海沟，他看着那片荒芜
的、宛若外星的海底，静静地欣赏着它："我体会
到了真正的孤独，这种感觉淹没一切，我感受到在
这幽深、广袤、人迹罕至的海底中，自己是多么

---

① 人们利用声波的反射和穿透性来测量海洋的深度：在船上往下放
超声波，超声波遇到海底后返回，探测仪接收到讯号后，计算出超声波从
发出到接收所用的时间，根据超声波在海水中的速度每秒钟 1500 米，就
能知道海底的深度了（超声波的速度×时间/2 = 海的深度）。1520 年，著
名航海家麦哲伦曾经尝试着在远海探测还的深度。他们在仅有的一条 800
米长的绳子一端栓好一个重锤，然后把绳子全部放到海里，重锤还没有接
触到海底。麦哲伦用重锤测量海洋深度的尝试，实际上没有成功，即使用
更长的绳子也不行，因为绳子太长，绳子本身的重量就会增加，一旦绳子
的重量超过了重锤的重量，人就无法感觉到重锤是不是到达了海底，也就
无法测量出海洋的深度。

渺小。"

海洋之玄，还在于其未知。

全世界海洋的平均水深是 3800 米，而 1000 米以下即是见不到一缕阳光的深海层。无边的黑暗，永恒的寒冷，而且在巨大的压力之下，海水又密又咸。早期的地质工作者曾经通过对陆地湖盆观察来想象深海底部的情形：认为深海是地球表面运动的归宿——陆地被剥蚀的产物最终沉积在深海海底，不再移动，因此洋底平坦而沉积巨厚；因为波浪的运动不会影响深层海水以及缺乏对深海水动力学的认识，因此认为深海水体停滞不动；由于数百米水深已无阳光和氧气，所以没有生命而死气沉沉。

20 世纪 20 年代，一艘德国"流星号"考察船航行在南大西洋上，船上的德国人怀揣着一个光荣梦想：从海洋里获得金子。结果金子没找到，但他们首次使用的回声测深仪使海底地形测量成为可能。第二次世界大战期间，由于反潜艇的战斗需要，测深技术得以迅速发展。20 世纪 60 年代晚期的大洋立体地貌图和深潜考察，进一步改进了对海底地形的了解，对于洋底扩张学说的建立有过重要意义。时至今日，海底测深和旁测声呐技术的进展，海底三维计算机制图技术的推进，尤其是运用多波束扫描技术的海底精确制图，已经使海底地形测量进入了高分辨率的新阶段。

从高精度的海深图上看，洋底地形起伏远比陆地强烈。在这里，我们可以看到绵延万里的大洋中脊、辽阔无垠的海底高原、怪石林立的海底高峰、峭壁陡立的海岭，尤为壮观的是边缘海沟，可以长达数千公里，沟底深邃。深海平原所处的位置是大洋盆地中的最深处，平坦得几乎看不到任何起伏。而那些高耸的海底高峰就是海底火山，它们中有一些会有部分露出海面，形成了一座座孤立的海岛。我国西沙群岛宣德群岛的东岛环礁中，就有一个露出水面的火山岛——高尖石，这也是西沙群岛中唯一的一个。

约占地球表面积71%的海洋就这样在地球上神秘地存在着，即便在科技昌明的今天，人类已探知的海底也只有5%，还有95%的海底是未知的。所以说，对于海洋的幽玄，人类还一直在探索之中。

（二）容

此处的"容"，自是"海纳百川，有容乃大"中的"容"。海洋的"容"与"玄"相关，也与"动"相连。所谓"容"与"玄"相关，就是说海洋之所以有"容",也在于它的宽广与深邃；所谓"容"与"动"相连，则是指"容"是动态的，是"容"且有"纳"。

海洋之"容"，首先在于它的虚空与处下。庄子曾借海神北海若之口论及："天下之水，莫大于海，万川归之，不知何时止而不盈；尾闾泄之，不知何时已而不虚；春秋不变，水旱不知。"①既然百川归海，为什么海水不会满？为什么无论大旱还是大涝，海平面稳定不变？古人将海洋命名为"巨海""大壑""百谷王""无底""天池"等，也许正是基于对此问题的尝试性解释。

现在的地质学家可以就海洋之所以能"容"的问题给出一个答案：是因为海盆。海盆是指在海洋的底部有许多低平的地带，周围是相对高一些的海底山脉，这种类似陆地上盆地的构造叫作海盆或者洋盆。

通过深海钻探和古地磁学的研究，科学家可以揭示海底沉积物的类型和变化。在距今大约 2.5 亿年以前地球上的确曾经存在一个统一大陆，这个大陆称为联合古陆，它的周围存在着一个泛大洋。联

---

① 《庄子·外篇·秋水》。

合古陆在约 2 亿年前开始破裂并逐渐漂移，成为现今的海陆布局。而大陆之所以发生漂移，是因为海底扩张作用：大洋岩石圈在洋中脊处裂开，地幔炽热的岩浆从这里涌出，冷却固结成新的大洋岩石圈，并把先期形成的岩石向两侧对称地推挤，导致大洋海底不断扩张。另外，在假设地球的体积和面积不变的情况下，大洋岩石圈也必然在大陆边缘的海沟处沿着消减带向大陆岩石圈之下俯冲，消亡于软流圈中。因此，海底扩张实质上是全球洋壳在不断地循环变化，2—3 亿年内更新一次。海底扩张说的确凿证据是海底岩石年龄的分布：以年龄最新的大洋中脊为轴，向两侧呈对称地分布，离中脊愈远愈老。其实，这个地壳演变过程从地球诞生起就从未停息过。在漫长的地质年代里，那些塌陷的部分，就形成了大大小小的海盆。

海盆的类型大致有内陆海盆、边缘海海盆和大洋海盆之分。其中，内陆海盆如渤海和黄海即为内陆海盆；边缘海海盆如东海、南海，日本群岛和朝鲜半岛之间的日本海，南海东南方的苏禄海海盆。它们位于西太平洋边缘，其特点是地壳厚度较薄，一般为 6.2—9 千米。其海水深度较浅，一般在 4000 米左右；大洋海盆即大洋中的海盆，如东太平洋海盆，是由大致南北走向的东太平洋海领域中太平洋山脉阻隔成的海盆。还有马里亚纳海盆、中太平洋海盆、北美海盆、巴西海盆、北非海盆、安哥拉海盆和澳大利亚海盆等，大洋海盆水很深，一般在5500—6000米。

其次谈一谈海洋的"容"与"纳"的问题。

海洋之"容"，必有盛纳。在潘安的笔下，海洋是"群溪俱息，万流来同"之所，是"含三河而纳四渎，朝五湖而夕九江"之地。据估计，地球上的水总体积约有13亿8600万立方千米，其中96.5%分布在海洋。这种虚怀以待、万川来归的情况，属于海洋的"容"。

然而，"纳"则与"容"有细微差别，具体说来一是"纳"有主动之意，而"容"则稍有被动之感；二是"纳"有激荡生发之势，而"容"有因循守旧之嫌。譬如刘备初见庞统，仅仅让他以从事的身份去试署耒阳县令，随后又因为庞统在任不理县务而免去官职，这是"容"；后来经过诸葛亮、鲁肃极力推荐，刘备方才再度召见庞统，与之谈论军国大事，大为器重，于是拜庞统为治中从事，不久又与诸葛亮同为军师中郎将，这即是"纳"。

单就海洋而言，奔腾入海的河流、循环不息的海流、亘古如初的潮汐、咆哮澎湃的波浪，海洋巨大的水体永远处于激荡之中、交互之中、净化之中，所以，海洋是"容"且有"纳"的海洋。至于《古兰经》中"海的一半是咸水，一半是甜水"的描述，也只能存在于巴尔喀什湖这个水体不能交换的湖泊中。

（三）动

海流（ocean current）是海水在大范围里相对稳定的流动。既有水平，又有铅直的三维流动，是海水运动的普遍形式之一。"大范围"是指海流的空间尺度大，可在几千千米甚至全球范围内流动；"相对稳定"是指海流的路径、速率和方向，在数月、一年甚至多年的较长时间里保持一致。整个世界大洋都存在海流，并且其时空变化是连续的，通过它们把世界大洋有机地联系在一起。

海流的流动性形式非常多，有从大洋表层流过的表层流，还有海水下层悄悄流动的潜流；有自下往上的上升流，还有从海水表面下沉的下降流；有海流水温高于流经海域的暖流，还有水温低于流经海域的寒流。就像陆地上的河流一样，海流也是按照固定的方向流动的，只不过河流的两岸是陆地，而海流的"两岸"仍然是海水。

比如著名的黑潮——其实黑潮之所以看起来黑，是因为它比"两岸"的海水更清澈透明，阳光穿透过水的表面后较少被反射——它自菲律宾出发，从太平洋的低纬度海域流向高纬度，南北跨约16个纬度（北纬20°—36°），东西跨约115个经度（50°—165°），流经东海和日本南面海区，行程4000多千米，如果加上黑潮续流，全程约6000千米。海洋气象学家的研究发现，对我国与日本等国气候影响最大的，是黑潮的"蛇形大弯曲"。所谓的"蛇形大弯曲"，也叫作"蛇动"，是指黑潮的主干流有时候会像蛇爬行那样弯弯曲曲。人们发现，当"蛇形大弯曲"远离日本海岸的时候，沿岸的气温就会下降，寒冷干燥；反之，日本沿岸气温就会升高，空气温暖湿润。

驱动大洋海水流动的最直接的力量主要有三种，它们分别是风力、海水温度差异和盐度差异。风力驱动比较好理解，就是因为风的拖曳效应，比如由于东南信风和东北信风的作用，形成了自东向西的南赤道流和北赤道流。在杰克·伦敦所写的小说《海狼》中，猎捕海豹的"魔鬼"号帆船顺着

"东北贸易风"航行，其实就是东北信风。① 海水温度差异和盐度差异则会导致海水的密度变化，而正是这些密度差异和变化产生了可以驱动海水沿着温度和盐度梯度流动的动力，使得大洋中的海水可以不断循环、交换：温度低、密度大的海水下沉到大洋深处，温度高、密度小的海水随即进行补充；盐度高、密度大的海水沉入深层，而盐度低、密度小的海水"浮在"上层。

由风驱动形成的风生环流，主要表现在大洋的上层。由温度和盐度变化引起的环流常被称为热盐环流。相对而言，它在大洋中下层占主导地位。热盐环流相对风生环流而言其流动是缓慢的，但它是形成大洋的中下层温度和盐度分布特征及海洋层化结构的主要原因。可以说它具有全球大洋的空间尺度。

以上是海洋之"动"的第一个层面，水体之"动"；第二个层面是地形之"动"。

东晋的葛洪——也就是《抱朴子》的作者——除了会炼丹和行医，还很会讲故事：汉桓帝时，两

---

① 古代商船都是帆船，它们就是靠着这种方向常年不变的信风航行于海上，故名贸易风（Tradewind）。而之所以称为信风，是指它的方向不变，很守信用。

位名叫王远和麻姑的神仙相约到蔡经家里去饮酒，王远先到而麻姑后至，宴会很奢华，聊天更神奇。麻姑说她已经亲眼见到东海三次变成桑田，来的路上去了一趟蓬莱，看到海水比前段时间浅了一半，应该是又要变成陆地了。王远马上附和，说不久之后那里又将尘土飞扬啦。① 宴会完毕他们拍拍手升天而去，留下的只有一个成语：沧海桑田。

事实上，由于地壳的变化和海平面的升降，陆地变成海洋或海洋变成陆地，这种自然现象一直在发生。因为地球内部的物质总在不停地运动着，进而促使地壳发生时而上升时而下降的变动。靠近大陆边缘的海水比较浅，如果地壳上升，海底便会露出，而成为陆地，相反，海边的陆地下沉，便会变为海洋。有时海底发生地震或火山喷发，形成海底高原或山脉，露出海面的部分自然也会成为陆地。

1945 年，中国地质学家黄汲清先生提出，基于

---

① 东晋葛洪《神仙传》："汉孝桓帝时，神仙王远字方平，降于蔡经家……麻姑至，蔡经亦举家见之。是好女子，年十八九许，于顶上作髻，余发垂至腰，其衣有文章，而非锦绮，光彩耀目，不可名状，入拜方平，方平为之起立。坐定，召进行厨，皆金盘玉杯，肴膳多是诸花果，而香气达于内外。蔡脯行之，如柏实，云是麟脯也。麻姑自说云：'接侍以来，已见东海三为桑田。向到蓬莱，水又浅于往者，会时略半也，岂将复为陵陆乎？'方平笑曰：'圣人皆言，东海行复扬尘也。'"

新生代以来的造山运动首先在喜马拉雅山区确定，所以可称之为"喜马拉雅运动"（Himalayaorogeny）。这一运动分为三幕：第一幕发生于始新世末、渐新世初，青藏地区成为陆地，从而转为剥蚀区；第二幕发生于中新世，地壳大幅度隆起，伴以大规模断裂和岩浆活动；第三幕发生于上新世末、更新世初，青藏高原整体强烈上升，形成现代地貌格局。中国所有高山、高原现今达到的海拔高度，主要是喜马拉雅运动第三幕以来上升的结果。运动对亚洲地理环境产生重大影响：西亚、中东、喜马拉雅、缅甸西部、马来西亚等地山脉及包括中国台湾岛在内的西太平洋岛弧均告形成，中印之间的古地中海消失。就此看来，科学家在喜马拉雅山上采集到鱼化石，自然不是什么奇怪的事情了。

海洋之"动"的第三个层面是生生不息，而我把它提升至海洋的另一个德性：生。

（四）生

"生"必由"动"，没有"动"也就无所谓"生"。这个道理如同于若没有"阴阳交感"，就无所谓"三生万物"一样。所以海洋之"生"，来自海洋之"动"。单就海洋的"生"而言，主要包含三个指向：海洋是生命之源，海洋存在着一个相对独立的生态系统，海洋还是生命支持系统的重要组成部分。

关于生命的形成机制，迄今为止还没有一个确切的答案。[①] 但生命起源于海洋，似乎已经成为一种共识。因为水和土壤，是生命萌发和发展的基础环境条件，而这些海洋都可以提供。海水孕育了生命的形成，今天的海水中也许还保存着形成生命的原始分子和生命的各种早期形式。蓝蓝的海水下面深藏着生命的秘密：生命起源的秘密和生命进化的秘密。

接下来谈谈海洋生态系统。海洋是地球上最大的一个生态系统，里面有四个角色：一是无生命的海洋环境（物质和能量）；二是生产者，就是海藻等植物；三是消费者，如鱼虾等生物，它们不能由自己来制造有机物质，只能靠捕食为生；四是分解

---

① 有学者认为：古人的解释大概有"自生说""神造说"和"泛生说"等，而现代的解释也大致可以概括为"进化论""陨石说"和"胚种说"。虽然思想体系层面不能一一对应，但古今观点之间存在一定的传承性。总体上看，古人的观点是很自然和朴素的，符合直觉思维的，在那个时代的自然探索条件下，提出这样的观点也是难能可贵的。它们跟现代科学的理论并不是完全对立的，它们存在明显的源流关系和互补关系。

者，主要是作为"清道夫"的微生物。在这个物质循环链中，它们相互依存、相互制约、相克相生。

海洋生态系统的物质循环和能量流动遵循"生态金字塔"定律。塔基是生产者——海藻，它从海水中吸收太阳辐射能，将之转化为这个生态系统的能量基础，可以说海洋浮游植物是整个海洋生态系统的基础，但最终驱动整个生物圈生态系统运转的动力还是来自太阳辐射能。塔基以上都是不劳而获的掠夺者，但它们之间却充满了弱肉强食的战争，位于塔尖的往往是数量极少，形单影只的最高统治者，例如鲨鱼。海洋生态系统的物质循环和能量流动都是一个动态的过程，在无外界干扰的情况下，就会达到一个动态平衡状态。

最后来看一下作为生命支持系统重要组成部分的海洋。

有人曾经对海洋的作用作了这样一句诗意的概括：海洋是生命的摇篮、风雨的故乡、资源的宝库、交通的要道。事实也确实如此，海洋不但孕育了生命，而且能吸收大气中的二氧化碳、制造出氧气，使生命物质循环得以正常进行。据统计，海洋中的植物每年生产的氧大约为360亿吨，大气中有70%的氧气来自于海洋；海洋影响着人类赖以生存的气候环境，这一点在我们介绍海流之时已经提及；海洋提供了人类赖以生存的水资源、渔业资源、矿产资源等，无愧于资源的宝库；至于交通的要道，自从人类在海面上划起第一艘小船开始，它就开始存在了。

不过，除了上述的内容之外，海洋在自己的边缘还有一个极其重要的功能区域，那就是滨海湿地。湿地是重要的自然资源，具有多种功能，是指天然或人工，长久或暂时的沼泽地、泥炭地或水域地带，带有或静止或流动，或为淡水、半咸水或咸水水体，包括低潮时水深不超过 6 米的水域。滨海湿地是地球上面积最大、最具有生态功能的一种湿地，它能够调蓄洪水、净化水质、调节气候，并且具有防止盐水入侵陆地等多种功能，因此也被称为"地球之肾"。湿地的生物资源极为丰富，多是鸟类，特别是一些濒危水禽的绝佳栖息地，常被看作海洋生物的生命摇篮和鸟类的乐园。

> 海是水之源，也是风之源，
> 没有大海，就不会有风，
> 不会有河水流动，不会有雨，
> 风和云和江河的父亲

就是大海。

这是古希腊的塞诺法涅斯在长诗《自然》中对海洋的讴歌①，朴实无华却又情真意切，我很喜欢，所以就以此作为本章的结尾吧。

_____

① ［古希腊］荷马等：《古希腊抒情诗选》，水建馥译，商务印书馆2013年版，第146页。

第三章

海洋意象的道德意蕴

在人类的海洋意象中，从神性到父性再到母性，这个转变既意味着人对海洋认识的不断消解和重构，也同时蕴含着人类关乎海洋的内在心理形式与结构的形成，这便是本章将要述及的道德意蕴。

一　从德性到道德

一位姑娘与一个叫仲子的男子相爱，仲子想与姑娘幽会，而姑娘说：

> 将仲子兮，无逾我园，无折我树檀，岂敢爱之？畏人之多言。仲可怀也，人之多言，亦

可畏也。①

翻译过来就是："仲子哥哥呀，不要翻进我的园子里，不要攀折我的檀树枝，不是我小气，只是怕人风言风语。仲子哥哥我想你，别人知道了会说闲话，让我心里好害怕。"在这里，因相爱而产生幽会的冲动源自于人的德性，希望得到人们所祝福的爱情则是基于道德和伦理。

（一）人之所以异于禽兽者几希

孟子说："人之所以异于禽兽者几希，庶民去之，君子存之。"现在的一般解释是"人和禽兽的差异就那么一点儿，一般人抛弃它，君子却保存它"，不过这种解释是不对的：一是因为既然"人和禽兽的差异就那么一点儿"，那么"一般人抛弃它"，岂不是说一般人等同于禽兽吗？二是既然"人和禽兽的差异就那么一点儿"，也就是说"那么一点儿（几希）"为人区别于禽兽的地方，是人之为人的本质属性，所以必然是无法抛弃的。因此，这句话的翻译应该是"人和禽兽的差异就那么一点

---

① 《诗经·郑风·将仲子》。

儿，一般人远之，君子近之"①。

与孟子持有类似观点的还有休谟，他曾提出一个非常著名的观点：由"是"不能推导出"应当"，也就是说从逻辑而言，由事实判断不能推导出价值判断。例如，"海洋污染会导致海洋生态失衡，所以向海洋排污是一种恶行"。这个推理过程是不完备的，因为这里没有说明"海洋生态失衡"与"我们"所秉持的价值之间的关系。

人们把休谟的这个观点称之为"休谟问题"，认为事实判断和价值判断之间存在着一个巨大鸿沟，却忽视了他解决此问题的努力。休谟曾表示，由事实判断不能直接推导出价值判断，除非附加一定的逻辑条件。所以，推论一个价值命题，就有必要先行设定"附加的逻辑条件"，而且这个"附加的逻辑条件"必须是一个或一组价值命题。

---

① 接下来，孟子说"舜明于庶物，察于人伦，由仁义行，非行仁义也"，很多人——甚至包括一些名家的解释是"舜明白万事万物的道理，明察人伦关系，因此能遵照仁义行事，而不是勉强地施行仁义"，这又是没有体察到孟子的要义。为了更好地说明这个问题，我们不妨再回到"尧舜，性者也；汤武，反之也"这句话。"由仁义行"即是"性之"，"行仁义也"即是"反之"。尧舜遵从本性来行事，表面上看他们是"不讲道德"，但在实践的层面他们的行为却合于道德，是一种"随心所欲不逾矩"的境界，所以他们是圣人。

休谟认为，一切德行必须基于善良的动机，但"使任何行为有功的那个原始的善良动机决不能是对于那种行为的德的尊重，而必然是其他某种自然的动机或原则"。为此他确立了一条原理："人性如果没有独立于道德感的某种产生善良行为的动机，任何行为都不能是善良的或在道德上是善的。"①

行文及此，我们的疑问或许可以集中于一点："那么一点儿（几希）"有什么？或者说"独立于道德感的某种产生善良行为的动机"是什么？

孟子的解释是"四善端"②：即恻隐之心、羞恶之心、辞让之心、是非之心，这是"仁义礼智"四德的源头，是人之为人的根据。休谟则谈了同情：同情是人性中一个很强有力的原则，它对我们的美的鉴别力有一种巨大的作用，它产生了我们对

---

① ［英］休谟：《人性论》，关文运译，商务印书馆1997年版，第519页。

② 人的德性包含"善端"，但本身无善无恶。也许有人会对此表示质疑，既然无善无恶，为何又称之为"善端"？我认为这个问题可以从两个方面来回应：一是"善端"的含义为使人向善、建构道德的开端，并非说这个开端的本身即是善良的；其二，对于"善端"的表述，可以理解为是从道德的角度对德性的回溯。

一切人为的德的道德感。①

那么，这样解释是不是正确的？

个人觉得把这个问题讲清楚了的是何怀宏先生，他认为恻隐（怜悯、同情）是人类最原始和最纯正的感情，这种情感逻辑胜过一切理性的推演、动人的蛊惑、巧妙的欺骗和疯狂的激情。正是这种柔弱感情的存在，才使得人类不至于陷入长久的狂热、暴行和恐怖。更为难得的是先生的文字也很唯美："它（恻隐之心）是最初的流淌，最初的动力，这一动力并一定是人们的道德活动中最巨大、最主要的动力，它虽然不是汹涌澎湃，但却是源源不断——在贤者那里是常不泯，在常人那里是不常泯，而在恶人那里亦不会完全泯灭。它的主要意义不在中流的浩大，而在源头的清纯，凭它自身，它甚至可能走不了很远，然而，它又可以说是泥沙封堵不死的泉眼，败叶遮蔽不住的净源。"②

----

① ［英］休谟：《人性论》，关文运译，商务印书馆 1997 年版，第620 页。

② 何怀宏：《良心论——传统良知的社会转化》，生活·读书·新知三联书店 1994 年版，第 91 页。

也许我们对恻隐有了比较准确的认识，但疑问还是有的：如果循着孟子的思路，难道禽兽真的就没有"善端"吗？一只受伤小狗的旁边另一只狗在守护，这是不是恻隐？除了狗之外，不是还有"兔死狐悲"么？不是还有"鼋鸣鳖应"么？不是还有"呦呦鹿鸣，食野之苹"么？

所以，单纯的恻隐之心（以及羞恶、辞让、是非）是不足的，作为源头，恻隐还是需要发展、需要扩充。对此，孟子显然也是考虑到了：凡是有这四种发端的人，知道都要扩大充实它们，就像火刚刚开始燃烧，泉水刚刚开始流淌。如果能够扩充它们，便足以安定天下，如果不能够扩充它们，就连赡养父母都成问题。[①]

（二）道德的形成：格物致知

致良知，这是王阳明最终确立的心学宗旨。若是想去了解致良知，则要先把握阳明先生的"方子"，也就是他的立论之基——这也是做一切学问的法门。

[①] 《孟子·公孙丑章句上》："凡有四端于我者，知皆扩而充之矣，若火之始然，泉之始达。苟能充之，足以保四海；苟不充之，不足以事父母。"

《传习录》里记载了一则趣事：先生游南镇，一友指岩中花树问："天下无心外之物，如此花树在深山中自开自落，于我心亦何相关？"先生曰："尔未看此花时，此花与尔心同归于寂。尔来看此花时，则此花颜色，一时明白过来。便知此花，不在尔的心外。"——我们可依此来理解阳明先生的理论基础：心。

这个故事很有名，有名的原因是大家对此众说纷纭、莫衷一是，而且棍子乱飞、帽子乱扣。我的理解是这样的：

1. "心"即理也。任何事物都遵循于"理"，没有不符于"理"而存在的事物（心外无物），存在即合"理"。

2. 当先生之友看到此花颜色，"一时明白过来"之时，"是非之心"已经形成，便知道此花与理亦是相符的，所以先生说"便知此花，不在尔的心外"。

3. 由此故事所激发的感想是："心"从"道"不从"器"，如果单纯地从"器"的角度来认识和把握世界，那么就会"以有涯随无涯，殆也"，所以人们应当由器及道，并从"道"的角度认识和把握世界。道之所得，即为道心、即为道德、即为致良知。①

晚年之时，王阳明曾用四句话来概括其学术思想，是谓四句教："无善无恶心之体，有善有恶意之动，知善知恶是良知，为善去恶是格物。""无善无恶心之体"是从"心"的属性而言，所以无善无恶；"有善有恶意之动"即是存乎天理的善意或昧于私意的恶意的发生；"知善知恶是良知"可以理解为人的具有善恶判断功能的内在规范，在这个意义上，良知即道德；"为善去恶是格物"则是善端的扩充，是一个存天理灭人欲的过程。阳明先生就这么轻描淡写般地打通了心、性、理、物。

关于如何致良知的问题，阳明先生在《大学古本序》曾经有说："《大学》之要，诚意而已矣。

----

① 我曾看到过有学者对花树故事这么解读：说阳明先生的意思是，你没看见花之前，花的存在与否，你既不能肯定，对你来说也不存在任何意义。你现在看到花了，花的鲜艳在你心中留下了印象，让你感到很开心，这时花对你来说，才是存在的，才是有意义的。——这种解读太过牵强了。

有学者对"心外无物"的解释是：你所见、所闻、所感、所想，你脑海里的全部，就构成了你的全部世界。除此以外，对你来说，不存在另外一个什么世界。或者是说，另外一个所谓的客观世界对你来说不存在任何意义。——这种解读则有误人之嫌。

诚意之功，格物而已矣。诚意之极，止至善而已矣。止至善之则，致知而已矣。""故致知者，诚意之本也；格物者，致知之实也。"再简单一点就是：格物致知。

良知的扩充必定达于事物，所以必须通过格物而形成良知。格物致知这里的"格"，除了有推究的意思，还有规范、法式的意思。格物就是穷事物之理，穷理就是"明明德"。王阳明认为，知是心的本体，心自然会知，比如看到小孩落井自然会产生恻隐之心，这就是良知不用外求的意思。要是良知的发动之处，能做到没有私意的妨碍，即谓"充其恻隐之心，而仁不可胜用矣"的境界。然而在普通的人而言，不能做到没有私意的妨碍，所以必须用"致知格物"的功夫打败私意，复全天理，有如佛学中讲的"四正勤"。① 在心中的良知没有任何妨碍，得以自在流行的时分，就是"致知"。②

---

① 据《法界次第初门》卷中之下记载，四正勤即：（一）为除断已生之恶，而勤精进。（二）为使未生之恶不生，而勤精进。（三）为使未生之善能生，而勤精进。（四）为使已生之善能更增长，而勤精进。以一心精进，行此四法，故称四正勤。

② （明）王守仁撰，萧无陂校释：《传习录校释》，岳麓书社 2012 年版，第 9 页。

　　由此可见，宋人所提倡的"存天理，灭人欲"，也就是"尽夫天理之极，而无一毫人欲之私"，是一个非常高明的境界，与孔子的"随心所欲不逾矩"是一致的，只不过被一些希望以其昏昏使人昭昭的腐儒搞坏掉了。

　　最后讲一讲王阳明所倡导的知行合一，他是从致良知的角度来阐释的，认为致良知的过程就是扫除私意障碍的过程（去心中贼），而且致良知一定是知与行的统一，这就是所谓的"知自有行在，行也自有知在"。用通俗一点的话来讲，就是在你获得判断（也就是"知"）的同时，你已经进行了判断（也就是"行"）。当你进行判断（也就是"行"）之时，当然是基于一定的判断（也就是"知"）。阳明先生所讲的"行"，既有内在的道德推理判断，也有外在的道德行为实践。

　　下面我就用一则故事来进一步解释一下——东郭先生和狼，估计大家都熟知，可惜所知大多是删减了要领的故事梗概。所以，还是简要地讲讲明代马中锡《东田文集》里的《中山狼传》。

　　牵着一头跛脚驴的墨家学者东郭先生去北方的中山谋官，驴背上搭着一袋子书，路遇一头被赵简子追杀的狼，它求救道："先生一定有志于救天下之物吧？以前，毛宝放龟而得渡，隋侯救蛇而获珠。如果您救了我，以后一定效仿龟蛇报答您。"先生说他不指望什么报答，但墨家以兼爱为本，所以就把狼藏在袋子里。

　　问题一：东郭先生作为墨家学者，以兼爱为本，所以他选择不计回报地把狼藏了起来。先生是不是做到了知行合一？

　　不久，简子来了，寻狼不得，便疑心先生。他挥剑砍下一截车辕，警告说："敢隐瞒狼逃跑方向的人，有如此辕！"先生谦卑地答道："鄙人虽然愚钝，难道不知道狼吗？生性贪婪而凶狠，与豺合伙作恶，您能除掉它，本当效力，又怎么会藏而不说呢！"简子悻悻而回。

　　问题二：东郭先生说自己知道狼是恶的，但为了"兼爱"，他宁愿欺骗简子也不把狼交出来，这是不是知行合一？

　　待简子走远后，先生便把狼放了出来。脱险的狼感到很饿，便说："先生既然是墨家学士，摩顶放踵利天下，那就让我吃了你保全我吧。"先生不从。先生和狼约定找三位老人来评判，他们先后问了老杏树和老母牛，回答均如狼所愿。最后问了一位过路老人，老人骗狼再次入袋，并示意先生拿匕首刺狼。先生说："这不是害狼吗?"老人笑道："禽兽背叛恩德如此，还不忍心杀，您的确是仁者，然而也够愚蠢的啊！仁慈得陷入愚蠢，本来就是君子所不赞成的啊。"说完大笑，抬手帮先生操刀杀死了狼。

问题三：经历狼的死亡威胁后的东郭先生，依旧"爱狼"，并不肯杀死它，这是不是知行合一?

回应以上三个问题，其实两句话就可以了：因为东郭先生一直没有真正理解什么是"兼爱"，甚至他对于"兼爱"的理解是违背天理的；东郭先生既未认识到自己心中有贼，也没有去格心中之贼。所以他没做到知行合一，更没有做到格物致知。墨子讲"兼相爱、交相利"，换句话说就是合作共赢，而且他还谆谆教导人们"君子莫若审兼而务行之"。然而纵观故事始终，东郭先生却偏偏不去审察兼爱的道理，并以错误的"知"去指导自己的行为，可谓南辕北辙。王阳明对此也深表无奈，他说："古人所以既说一个知，又说一个行者，只为世间有一种人，懵懵懂懂的任意去做，全不解思惟省察，也只是冥行妄作，所以必说个知，方才行得是。"① 阳明先生强调，知而不行，只是未知。这和苏格拉底的观点倒是相似："没有人想犯下错误，之所以会犯下错误，乃是他的无知。"

总而言之，道德的形成过程，即是致良知的过程、格物致知的过程。那么如何格物致知呢？我的理解至少需要两个层面的条件：一是理性的介入，比如缺乏理性的恻隐有可能陷入盲目，东郭先生和狼的故事就是一个极佳的例子；二是实践，实践是动机和行为的统一，而且必然作用于一定社会关系。

（三）关于德性与道德的其他几个问题

曾经听一位教授讲座，他说：狗的忠诚与人的忠诚有什么根本性的差异？如果说有差异的话，最

---

① （明）王守仁撰，萧无陂校释：《传习录校释》，岳麓书社2012年版，第7页。

显著的一点就是狗比人更忠诚。

我很喜欢教授的意气，但不赞同教授的观点。

一是狗的忠诚与人的忠诚是有着根本性差异的：狗的忠诚是狗的属性，是人类驯化的结果和基因特质；人的忠诚是人的道德，是人格物致知的结果。二是一条跟随恶人的狗，只会因为它的忠诚而制造更多的恶；一个跟随了恶人的人，却会因为他的忠诚而产生痛苦。所以，狗比人忠诚，就此看来好像也没什么大不了。

在上面的两个小节中，我对道德的发生进行了粗浅的勾勒，所表达的观点也比较简单，即人的德性导致了人类道德的生成，但简要的论述总会给人以"似乎不够充分"的印象，所以我就几个容易引发疑问的地方补充如下：

其一，人的德性关乎"什么是人"的问题，而关于"什么是人"，可以从生物学、社会学、法学、哲学等各个层面来定义，或是这些层面定义的结合，但迄今为止还没有完美的答案——或许以后也不会有。不过，我们的考察不必为此苦恼，因为我们所需要的，就是找出几个"人之为人"的主要德性即可，如意识、实践、社会关系等。

其二，实现从德性到道德跨越的是"知行合

一"。这里的知行合一具有双重含义：一是阳明先生所讲的"知是行的主意，行是知的工夫；知是行之始，行是知之成""人须在事上磨，方能立得住"，也是这个的意思；二是通俗意义上所讲的认识和实践的统一，包含客观对于主观的必然及主观对于客观的必然，具有劳动创造性、检验性等特征。

其三，道德的生成又使得参与其中的德性（如情感、理性、实践等）具有了道德意义。① 而且随着时间或空间的推移、人类知行能力的提高，以及社会关系的变化，道德也在不停地演化。可以说，道德既是历史的，也是当下的；既有主观的成分，也是客观的事实；它源自于人的德性，又是社会实践的产物并作用于实践。

其四，善端的扩充不是一个单向度的增益的过程，相反，这必将是一个为善去恶的过程。对于大多数人而言，善端的扩充意味着越来越多的"规矩"，但对于真正格物致知的人却是一个简化过程，即损之又损的过程，是一个无限接近至善的过程。

---

① 要清晰地认识到，人的情感、理性、实践等，具有德性和道德的双重意义。

"至善"是什么？这个争论很烦琐，说理的公公婆婆太多，不梳理也罢。个人的理解应是"和"——既有生成的意义，也有存在的意义，当然还有发展的意义。中庸是"和"，无为是"和"，幸福是"和"，功利也是"和"。

其五，道德作为人的内在规范，它的源头当是同情和自爱等"独立于道德感的某种产生善良行为的动机"。其中同情既是一种可以感受他者情感的心理体验能力，也是一种具有利他冲动的怜悯之情。自爱则体现为求生的欲望、利己的倾向、自由的追求等。就此而论，休谟所讲的同情，亚当·斯密提出的自爱，墨子的"兼相爱，交相利"，苏格拉底所说的"善"来自于人的智慧与理性，以及孟子的所思所论，其内在的逻辑应该是相同的，有兴趣的朋友可以考察之。

最后让我们稍微轻松一下，且以旁观者的身份来看看《诗经·郑风·将仲子》中的那位姑娘：她是喜欢仲子的，否则就不是"无逾我园，无折我树檀"的低声求告，而是尖叫"抓坏人呀"。不过，仲子虽是令人想念，但她似乎更在意"人之多言"的可怕。因为多言的内容自然不会是"怎么把园子弄成这样？把树枝都踩折了"，而是"婚姻是大事情呀，不是你一个人的，你怎么这样子"。那么，如何协调表现为爱情冲动的"自爱"和人言背后的"社会关系"呢？在道德的作用之下，姑娘理性选择了制止和解释。

二　海洋怎么"格"

很多人都知道王阳明曾经格过竹子，此事发生在他年轻时候，起因是他跟朋友一起讨论通过格物致知来做圣贤，于是决定先从自家花园亭子前面的竹子格起。他的朋友对着竹子想穷尽其中的理，结果用尽心思，不但理没格到，反倒劳累成疾。于是阳明先生自己接着去格竹子，坚持了七天，结果同样是理没有格出来，自己反而生了一场大病。①

---

① "众人只说格物要依晦翁，何曾把他的说去用？我着实曾用来。初年与钱友同论做圣贤，要格天下之物，如今安得这等大的力量？因指亭前竹子，令去格看。钱子早夜去穷格竹子的道理，竭其心思，至于三日，便致劳神成疾。当初说他这是精力不足，某因自去穷格。早夜不得其理，到七日，亦以劳思致疾。遂相与叹圣贤是做不得的，无他大力量去格物了。及在夷中三年，颇见得此意思，乃知天下之物本无可格者。其格物之功，只在身心上做，决然以圣人为人人可到，便自有担当了。这里意思，却要说与诸公知道。"（《王阳明全集》卷三《传习录》下，第120页）

下面，我就以此来切入，结合前面所讲的花树故事，来谈谈海洋怎么"格"的问题。

（一）竹子、花树、海洋

首先我想提个问题：为什么王阳明面对竹子格不出理来，但面对朋友关于花树的疑问却能回答上来？

切莫匆忙作答。先来听听龙场悟道之后的王阳明怎么说："圣人之道，吾性自足，向之求理于事物者误也。""及在夷中三年，颇见得此意思，乃知天下之物本无可格者。其格物之功，只在身心上做，决然以圣人为人人可到，便自有担当了。"

至此答案似乎就比较明了：之所以格竹子格不出理来，是因为阳明先生直接"求理于事物"；后来无滞无碍地回答朋友关于花树的问题，是因为他在身心的层面做了格物之功。换句话来说，就是格物不能求理于物，而是求理于内、求之于己。

需要说明的是，阳明先生的学说属于道德哲学，这个从他的"四句教"就可以看得出来。他求的价值判断，而不是单纯的事实判断——例如植物学家格竹子，就能格出很多内容，但这只是物理、生理等，属于竹子的德性（即竹子之所以为竹子的属性）层面。阿基米德从洗澡水中格出浮力、牛顿从苹果落地格出万有引力，都属此类。阳明先生追求的是圣贤之道，所以单纯地从事实判断的角度去格天下之物，定然是得不到他所需要的价值判断。

如何形成价值判断？那就要"在身心上做"：建立人与事物之间的关系，以人人皆备的德性中的善端为基，通过知行合一，实现致良知。

有人说，格竹子，应该格竹子的挺拔，从中领会到正直；格竹子的有节，从中领会到坚守道义；格竹子的空心，从中领会到人应该谦卑。孔子说："岁寒，然后知松柏之后凋也。"这是孔子给耐寒的松柏赋予的道德内涵，这才是真正的格物致知。

这个观点不能算一无是处，但肯定不是"真正的格物致知"。究其原因就是持此观点的人知其一而不知其二。如果有人从竹子的挺拔可以领会到骄傲，从竹子的有节领会到困顿，从竹子的空心领会到嘴尖皮厚腹中空，这岂不是说闲话而已。又及：《晋书》中记载，十六国时期前凉的末代皇帝张天锡，常常在花园里游泳池边大摆豪宴，纵情声色。朝中一些正直的大臣就劝说他少事游乐，多理朝政。他回答说："你们以为我喜好玩乐吗？其实你们不懂我的心啊！我不是单纯地爱好玩乐，而是通过玩乐领悟到许多人生的哲理：我早晨看到花开，就敬重才华俊秀的高士；品玩着芝兰，就爱慕德行高洁的大臣；目睹到松竹，就思念忠贞节操的贤才；面对着清流，就重视廉洁奉公的官员；看到蔓草，就鄙薄贪婪污秽的恶吏；遇到疾风，就痛恨凶狠狡诈的奸徒。如果你们能将我的玩乐引申出去，触类旁通，那么做人就近乎完美了，在为人的操守上也基本没有什么遗漏了。"① 如此格物，真是令人瞠目结舌啊。

所以，格竹子，绝不是单纯的"道德赋予"，或者是德性层面中的人文属性的阐发（比如由铁的坚硬联系到做人应该坚强等），而是应该去格人和竹子的关系之理，格出人与自然的关系之理，格出

① 原文为"天锡数宴园池，政事颇废。荡难将军、校书祭酒索商上疏极谏，天锡答曰：'吾非好行，行有得也。观朝荣，则敬才秀之士；玩芝兰，则爱德行之臣；睹松竹，则思贞操之贤；临清流，则贵廉洁之行；览蔓草，则贱贪秽之吏；逢飙风，则恶凶狡之徒。若引而申之，触类而长之，庶无遗漏矣。'"

人与人的关系之理。比如花树的故事，"尔未看此花时，此花与尔心同归于寂。尔来看此花时，则此花颜色，一时明白过来。"明白过来什么？基于才智的高下，明白"此花颜色"的理也不同，阳明先生没细说，但他的朋友最起码已经看到了"花树在深山中自开自落"的自为和自在，至于悟道没有，那就另说了。

事实上，庄子也在格物，他梦见自己变成一只飞舞着蝴蝶，欣然自得，很是惬意。一觉醒来，方知原来自己是庄周。于是他就开始格"庄周梦中变成蝴蝶呢，还是蝴蝶梦见自己变成庄周呢"的问题，格的结果呢，就是齐物。由此看来，古人的智慧真的是相通的，令人赞叹不已。

现在回到海洋的主题吧，既然竹子可以格，花树可以格，那么海洋自然也可以格了。随之而来的问题是：我们怎么格海洋呢？格海洋能够格到什么呢？不过，我想在回答这两个问题之前先解决另外一个问题：

海洋是有德性的，那么海洋有没有道德呢？

（二）海洋是一位道德患者

答案很明确：没有。

为什么如此断然？那就让我们首先回顾一下关于德性和道德的概念吧。

德性是一事物之所以成为该事物的本性，它包括自然属性和人文属性；道德是人的内在规范，作用于个体的行为、态度及其心理状态。由此而论，德性的主体可以是万物，而道德的主体必然是人。例如，"唯无不流，至平而止"是水的自然属性，由此而生发出的"义也"是水的人文属性。虽然"义"对于人来讲属于道德范畴，但我们不能因此说水就拥有道德，而只能说水有这样的德性或人文属性。因为除了人之外，没有其他事物拥有道德主体（moral agent）的资格。

或许过多的、枯燥的、学术化的语言只会引发人的不快，所以我们不妨读一段文学家的文字，这是水手科伊眼里的海洋：

失足。在汪洋上就如同置身于剑术比赛里——科伊曾在某处听过这句话——一切取决于是否能与敌手保持距离，并预测对方的下一步举动。远方低垂的黑云，波浪滔滔的微暗海域，扑上露出水面的岩石后几乎不留痕迹的泡沫，预告了致命的打击，唯有时刻保持警惕才有机会逃过一劫。这使得海洋变成人生的最佳比喻。航海业的至理名言，每次打算收帆时，你都要自问一下这是不是收帆的时候。大海骨子里藏着一个老到的流氓，危险而狡诈，表面上的热络称兄道弟，只是想趁对方疏忽而伸出狼爪。大海会毫不留情地杀掉莽夫和蠢蛋，最优秀的水手顶多期望能够顺利渡过险境。因为大海犹如《圣经·旧约》里的上帝，没有七情六欲，除非偶然或是心血来潮，否则绝不会手下留情。像是仁慈和怜悯之类的字眼，在你松开船缆扬帆远航的刹那，就都留在陆地上了。就某些方面来说，科伊认为这样子很公平。①

当水手说"大海骨子里藏着一个老道的流氓，危险而狡诈"之时，还只是一种浅显的认识；当水手说"大海犹如《圣经·旧约》里的上帝，没有七情六欲"，则直达大海的本质，颇有"大海不仁，以万物为刍狗"的意味。

---

① ［西班牙］阿图罗·佩雷斯：《航海图》，叶淑吟译，南海出版社2014年版，第252—253页。

西方学者曾经提出了一个名词：moral patient①，也就是道德患者的意思。其定义的核心是只有具备理智的人方可以是道德主体，理智不健全的人（如婴幼儿、智障者等），乃至动物、植物、自然等都可以被视为道德患者，他们（它们）只有通过作为道德主体的人来实现自我表达。据此定义，大海属于道德患者。

那么，如何从作为"道德患者"的海洋这里格

---

① Ethics A moral status, in contrast to that of moral agent. Traditionally, only rational human beings can be moral agents, for they must hold responsibility for their actions. Marginal human beings, such as children and brain-damaged people, are not regarded as having moral responsibility for their behavior, and hence are not moral agents. However, they are still the objects of moral consideration and are protected from suffering by moral laws. Accordingly they are referred to as moral patients. Moral patients cannot formulate or follow moral principles and rules. They can bring about great pain and even disasters to others, but we cannot say that they are morally wrong for doing that. Equally, their acts may bring about good consequences, but we do not say that they are morally right for performing them. Moral agents can act wrongly or rightly in ways that affect moral patients, but moral patients cannot act reciprocally toward moral agents. Contemporary environmental ethics claims that the scope of moral patients should not only include marginal human beings, but also sentient animals, and even the whole biocommunity. A difference in moral status requires different moral considerations and can involve the appeal to different moral principles. This results in a variety of moral tensions in practice. For instance, a fetus is a moral patient.

出"理"呢？阳明先生的办法是建立人与海洋的关系。可以想象，对于一位从来没见过也没听说过海洋、对海洋一无所知的人来说，海洋是不确定的，也无法言说的，所以它既是存在的、也是不存在的，如同薛定谔的猫。但是，当海洋呈现于他的意识之中后（这种呈现既可以是图像的、实体的，也可以是概念的、描述的），他与海洋便建立了关系，当然，此时只是一种最基本的关系，也是一种易于扭曲、消解或成长的关系。这种关系，可以称之为海洋意象。

我们知道，获得价值判断的方式可以有两种：一是由一个或一组价值判断加上另一个或一组价值判断，二是由一个或一组事实判断加上一个或一组价值判断。具有理性成分的"是非之心"可以获得事实判断，具有善恶意义的"好恶之心"可以获得价值判断。

在格的过程中，要不断消解人欲这个私意，直奔自我心性完善这个宗旨。这个过程不是单单依靠纯粹的意识层面的知行来进行的，必须要有实践层面的知行参与，实践层面的知行既包含个体的，也包含人类群体的。

总而言之，我们格海洋，事实上就是通过格人海关系，进而以此达到自我完善之目的。

但令人遗憾的是，人作为海洋这位道德患者的代言者，总体表现是不合格的，因为所谓的"海洋的自我表达"往往被异化成为人类的自我诉求。究其原因，或是人对海洋的认知还存在缺陷，或是人的私欲从中作梗。

举个例子，当前关于海洋的宣传中，往往会出现保护海洋的口号。也许是为了宣传的需要，海洋总被定位成一位可怜的人类的母亲，她说人类的污染侵害了我的健康，救救我吧，保护你们的母亲吧。

在我看来，这真是一种人类中心主义式的妄想。海洋从来不需要怜悯，如同它从来也不会怜悯任何人一样。海洋从来不需要被保护，需要保护的反而只是人类自己。所谓"尔曹身与名俱灭，不废江河万古流"，对于人类与海洋的关系来讲，也是如此。

完全消除人的私欲是不可能的，但可以努力接近之。所以问题的关键，就在于如何正确地"格"、妥当地规范，而这就需要我们去寻觅、去思考、去实践。

（三）务外与求内：考察的两种途径

《庄子·应帝王》的结尾有一个"浑沌开窍"的寓言："南海之帝为倏，北海之帝为忽，中央之帝为浑沌。倏与忽时相遇于浑沌之地，浑沌待之甚善。倏与忽谋报浑沌之德，曰：'人皆有七窍，以视听食息，此独无有，尝试凿之。'日凿一窍，七日而浑沌死。"[①]

这个寓言可以有多种当代解读，比如有的人认为天道无为，反对把个人的主观愿望强加于客观事物；有的人认为浑然一体的道只能靠"悟"而不能靠"知"来认识，也就是说只可直接体悟，无法分析还原；还有人解读为现代宇宙学中大爆炸模型的

---

① 法国著名哲学家柏格森（Henri Bergson）在《创造进化论》中说得好极了：所谓直觉意味着这种"理智融合"（intellectual sympathy），通过此种"理智融合"，一个人为了与对象中独特因而不可表达的东西相一致，而把自己置入对象中。相反，分析是这种操作，它把对象还原为已知的要素（即该对象和其他对象共有的要素）。因此，分析就是把一个事物表达为非自身的其他事物的函项。可见，靠分析只能得到与他事物相同的共性部分，而体验直觉才能把握事物的独特整体。早先在讨论学习门径时说过，著名哲学家斯宾诺莎也认为直觉认识是四个认识层次的最高层次。人们可能会问，这种把握独特整体的直觉从何而来？它来自被认识对象，还是认识主体？我觉得，这个疑惑植根于认识论中主客分离的弊端，所以答案是，只有在主体进入对象后与之交融一体，才会有这种直觉。

写照，认为"倏"字和"忽"字与时间有关，南帝、北帝、中间之帝代表空间，时空交接处为"混沌"，混沌开窍而死意味着宇宙从混沌中诞生。这些解读都有一定的道理，不过我的理解与之稍有不同："浑沌"是为道，是一种阴阳混同的叠加态，是不可道之道（恒道）；"日凿一窍"的过程其实是人的意识和实践参与过程；"浑沌"死了，人的认知便明晰起来。

　　认知的明晰必然经过两种途径，务外或求内。1923—1924年，中国学术界曾经发生了一件波及整个中国思想文化界的讨论，史称"科玄论战"。论战之始是两个好朋友的斗嘴：玄学派的张君劢认为"科学无论如何发达，而人生观问题之解决，决非科学所能为力，惟赖诸人类之自身而已"，而科学派的丁文江主张"人类今日最大责任与需要应是把科学方法应用到人生问题上去"。当两人撕扯不已之时，学术大佬梁启超介入其中，表面中立，实为玄学派之援手。科学派的胡适随即跳出，加入论战。规模由此不断升级，陈独秀等许多学者都卷入其中。至于论战的结果，大概是以提倡"科学的人生观"而结束。时至今日，如果我们回过头来静心审视，又会对这场论战作何种判断呢？

在我看来，这场论战其实讨论的是两个问题：一是科学与玄学的问题，二是科学家和玄学家的问题。大家把两个问题混在了一起，所以讨论的结果并不尽如人意。

单就认知方式而言，科学追求事实判断，具有务外的意思；玄学追求价值判断，具有求内的意思。但无论科学家还是玄学家，都会在"知行"的层面上综合这两种方式。就以丁文江为例，他说："了然于宇宙生物心理种种的关系，才能够真知道生活的乐趣。这种'活泼泼地'心境，只有拿望远镜仰察过天空的虚漠、用显微镜俯视过生物的幽微的人，方能参领得透彻。"这不就是一种务外求内吗？

胡适说："庄子虽有'吾生也有涯，而知也无涯，以有涯逐无涯，殆已'的话头，但是我们还要向上做去，得一分就是一分，一寸就是一寸，可以有亚基米特氏发现浮力时叫 Eureka 的快活。有了这种精神，做人就不会失望。所以人生的意味，全靠你自己的工作；你要它圆就圆，方就方，是有意味；因为真理无穷，趣味无穷，进步快活也无穷尽。"由此可见，他所讲的"科学的人生观"可能有些跑偏，但是他关于人生之趣味在于真理之追求的观点，还是具有务外求内的旨意。

所以，科学与玄学不是非此即彼的关系，如果非要割裂它们在人这个主体中的统一，那就要出问题，是一种偏执。也就是在这个意义上，阳明先生在《答顾东桥书》中严肃地告诫："吾子所谓务外遗内、博而寡要者，无乃亦是过欤！"

就个人观感来讲，科学家群体无疑是人类社会中最具人文情怀的群体，没有之一。倒是玄学家中"各夸通经，徒炫文辞，骋其议论"的人，确实多了一些。而且，那种抛却红尘反陷入了困顿、隐逸于山林却成为废人的事例比比皆是。所以，务外遗内要不得，务内遗外也是要不得的。

宗白华先生曾说，历史上向前一步的进展，往往是伴着向后一步的探本穷源。借用这个格式，我说：务外的真正意义上的进展，往往伴随着求内的深入。同样的道理，求内的深入也往往伴随着务外的进展。

也许有人会对此质疑：与古代相比，科学进步已是不争的事实，那么是否可以由此推断，我们过着一种比古人更为道德的生活呢？

我的回答是不尽然。

真正的伟大的科学家往往过着一种比常人更为

道德的生活，但是我们更多的人只是享用科学的进步，而不是真正地去体认、去求索。即便从历史的视角来看，人类的道德也不是一个纯粹的上升的状态。李泽厚在《中国古代思想史论》中曾引马克思、恩格斯的话说明："氏族社会长期延续于正式的阶级社会之前，它确乎有为阶级社会所丧失掉的许多人类的优良制度和个体品德。"

可以说，我们身处的时代较之以往，伦理规范的确是构建了许多，也详尽了许多。但是对道德的考察，并不意味着真的又体悟了许多、深刻了许多。如果说伦理规范仅仅是把一只怪兽圈进笼子，那么对道德的思考则是对怪兽的驯化。而"驯化"这个事情，我们做得远远不够。

三 海洋意象的道德意蕴

据说有的禅师示人宗旨时喜欢拿棒子敲别人的脑袋，是谓"棒喝"，但我怀疑他们更多是讲不出来道理而生气的缘故。当然，除了德山棒，还有临济喝、云门饼、赵州茶等，后两种方式倒还可以接受。不过，若是与友人闲谈，相互之间打打机锋应是不错的交流。若问为什么，则可归结为"意蕴"。

（一）何谓"海洋意象的道德意蕴"

简单地说，海洋意象的道德意蕴就是人类作为海洋这位道德患者的代言人，所阐发的一切具有道德性质的意见。具体体现于海洋神话、海洋文学、海洋民俗等。在此之前，我们已经涉猎了较多的海洋神话和海洋文学，所以这次我们就以海洋民俗为线，进而阐释一下"海洋意象的道德意蕴"这个问题吧。

先来读一篇《地罗经下针神文》：

> 伏以神烟缭绕，谨启诚心拜请，某年某月今日今时四直功曹使者，有功传此炉内心香，奉请历代御制指南祖师……伏以奉献仙师酒一樽，乞求保护船只财物，今日良辰下针，青龙下海永无灾，谦恭虔奉酒味初，伏献再献酌香醪。第二处下针酒礼奉先真，伏望圣恩常拥护，东西南北自然通。弟子诚心虔奉酒陈亚献，伏以三杯美酒满金钟，扯起风帆遇顺风，海道平安，往回大吉，金珠财宝，满船盈荣，虔心美酒陈献。献酒礼毕，敬奉圣恩，恭奉洪慈，俯垂同鉴纳，伏望愿指南下盏，指东西南北永无差，朝暮使船长应护，往复过洋行正路，人船

安乐，过洋平善，暗礁而不遇，双篷高挂永无忧。火化钱财，以退残筵。奉请来则奉香供请，去则辞神拜送。稽首皈依，伏惟珍重！①

可以看出，《地罗经下针神文》其实就是一篇祝文，也就是在启船之日，由船主或司针者主持祭祀时诵读的主持词。这里的"地罗经"即航海时用来定向的罗盘，"针"指的是罗盘针。"下针"意味着起航。

祝文一半以上的内容是言明所拜祭的对象，②有发明掌管罗盘者、有擅长阴阳八卦者、有精通天文地理者、有熟知海道山形水势者、有造船修船者、有航海保护者，乃至一般人看来不知所云的神

① 向达校注：《两种海道针经》，中华书局1982年版，第23—24页。
② 如：轩辕黄帝，周公圣人，前代神通阴阳仙师，青鸦白鹤仙师，杨救贫仙师，王子乔圣仙师，李淳风仙师，陈搏仙师，郭璞仙师，历代过洋知山知沙知浅知深知屿知礁精通海道寻山认澳望斗牵星古往今来前传后教流派祖师，祖本罗经二十四向位尊神大将军，向子午酉卯寅申己亥辰戌丑未乾坤艮巽甲庚壬丙乙辛丁癸二十四位尊神大将军，定针童子，转针童郎，水盏神者，换水神君，下针力士，走针神兵，罗经坐向守护尊神，建橹班师父，部下仙师神兵将使，一炉灵神，本船奉七记香火有感明神敕封护国庇民妙灵昭应明著天妃，暨二位侯王、茅竹仙师，五位尊王、杨奋将军，最旧舍人，白水都公，林使总管，千里眼、顺风耳部下神兵，擎波喝浪一炉神兵，海洋屿澳山神、土地、里社正神，今日下降天神纠察使者，虚空过往神仙，当年太岁尊神，某地方守土之神，普降香筵，祈求圣杯。

灵。例如二十四位尊神大将军、定针童子、转针童郎等，是因为当时的罗盘不像新式罗盘一样分360°，而是分二十四个方向。① 之所以出现水盏神者、换水神君，则是当时的罗盘是水罗盘的缘故。

在《礼记·祭法》中，祭礼就包括祭天之礼、祭地之礼、祭四时之礼，还有祭寒暑、祭日、祭月、祭星，以及祭水旱之神、祭四方之神。而且一切山林、川谷、丘陵，只要它能吞云吐雾，兴风作雨，出现异常现象，就把它叫作神，都要拜祭。天子需要遍祭天下的名山大川，诸侯只祭自己境内的名山大川，如果丧失了国土，也就不用祭了。由此

----

① 二十四个方向，分别是：子（352.5°—7.5°）、午（172.5°—187.5°）、酉（262.5°—277.5°）、卯（82.5°—97.5°）、寅（52.5°—67.5°）、申（232.5°—247.5°）、巳（142.5°—157.5°）、亥（322.5°—337.5°）、辰（112.5°—127.5°）、戌（292.5°—307.5°）、丑（22.5°—37.5°）、未（202.5°—217.5°）、乾（307.5°—322.5°）、坤（217.5°—232.5°）、艮（37.5°—52.5°）、巽（127.5°—142.5°）、甲（67.5°—82.5°）、庚（247.5°—262.5°）、壬（337.5°—352.5°）、丙（157.5°—172.5°）、乙（97.5°—112.5°）、辛（277.5°—292.5°）、丁（187.5°—202.5°）、癸（7.5°—22.5°）。其中，壬、子、癸卦位属坎，方位正北；丑、艮、寅卦位属艮，方位东北；甲、卯、乙卦位属震，方位正东；辰、巽、巳卦位属巽，方位东南；丙、午、丁卦位属离，方位属正南；未、坤、申卦位属坤，方位西南；庚、酉、辛卦位属兑，方位正西；戌、乾、亥卦位属乾，方位西北。

可见，航海的舟子或商贾祭祀二十四位尊神大将
军、定针童子等，并不是什么奇怪的事情。而且，
祭祀的态度是很虔诚的，航行中他们还会拜祭所遇
到的任何海神庙宇。

　　除了"广泛撒网"式的祭祀，对面临危险的时
候所请托之神自然要"重点培养"了。如《谨请》
一咒："五更起来鸡报晓，请卜娘妈来梳妆。梳了
真桩缚了髻，梳了倒鬖成琉璃。身穿罗裙十八幅，
幅幅裯裀香麝香。举起凉伞盖娘妈，娘妈骑马出游
香。东去行香香人请，北去行香人来迎。去时金钗
插鬖边，到来银花插殿前。愿降临来真显赫，弟子
一心专拜请。湄洲娘妈降来临，急急如律令。"①

　　然后还要用符（如下图）：

　　表面上看来，起航祭祀是一个招待与航海相关的
各路神仙的大聚会，所有的符咒是一种被普化了的道
教，可视为一种民间信仰，当然都属于海洋意象。而
在实质上，这个两者反映的均是"惟灵是信""有灵
则行"，追求的是顺风顺水、人船平安、获利丰厚，这
与道德之中的"同情心"和"自爱"密切相关。

---

① 　向达校注：《两种海道针经》，中华书局 1982 年版，第 47—
48 页。

人类之所以祭祀，其目的是显而易见的，即"以事神致福"。"事神"是以"祭神如神在"的虔诚恭敬之心态，奉上牺牲玉帛等颇为实惠的供品，争取神的理解或欢心。这是一种以自己之心度神仙之腹的行为，体现出感受他者情感的心理体验能力；"致福"当然是一种功利心态，体现人的"自爱"。有学者在做田野调查的时候，曾在某地圣母宫内发现一张通告，其上写着："出海船主：船中尪仔三牲一付，米一斤，海土地三牲一付，帆边龙王土地三牲一付，点三支香向出，放网之前尪仔面前一斤米要献，献伏，求平安，求渔产丰收。"这个可以作为旁证。

也有动机比较高雅的拜祭。北宋元丰八年（1085）

冬，苏东坡到登州任太守一职，他很想看一看久闻其
名的登州海市，[①] 但当地的人说海市经常出现在春季和
夏季，现在恐怕见不到了。更不巧的是他十月十五日
来到登州，二十日便接到了要进京担任礼部员外郎的
任命——以后更难见此景了。天真烂漫的苏东坡就
"祷于海神广德王之庙"，结果竟然"明日见焉"，并
留下了一篇酸酸甜甜的《登州海市》：一边孩子般地炫
耀"重楼翠阜出霜晓，异事惊倒百岁翁"，一边自我鼓
劲"率然有请不我拒，信我人厄非天穷"。随后，命运
多舛的东坡先生开始了浩叹：

> 自言正直动山鬼，岂知造物哀龙钟。
> 信眉一笑岂易得，神之报汝亦已丰。
> 斜阳万里孤鸟没，但见碧海磨青铜。
> 新诗绮语亦安用，相与变灭随东风。

（二）从"玄德"到"厚德"

关于"玄德"，老子给予如下界定："生而不有，

---

① 宋朝沈括在《梦溪笔谈》中记载：在登州的海上，有时候会出现云
雾空气，像宫室、台观、城堞、人物、车马、冠盖，都清晰可见，这种景象叫
作"海市"。

为而不恃，长而不宰"，意思就是化生万物而不为己有，兴任而不恃己能，长养而不自以为主宰。王弼注曰："凡言玄德，皆有德而不知其主，出乎幽冥。"

"生而不有，为而不恃，长而不宰"就是无为而无不为；"皆有德而不知其主，出乎幽冥"指的是其源自并近乎无形无象之道。庄子也讲："其合缗缗，若愚若昏，是谓玄德，同乎大顺。"① 由此可见，"玄德"乃是对"常道"的无心应运，而且应运过程中无己无私，顺事而无情，而且功成弗居。② 如阳光之于草木，如蜜蜂之于野花，如秋风之于落

---

① 语出《庄子·天地》，意思是说"玄德"的表象仿佛"若愚若昏"，其实质是无心无私，而且与天地之大道相合，其性状至纯而且葆有自然之初态，其境界至高而且玄远。

② 庄子在《天地》之中论及："至德之世，不尚贤，不使能；上如标枝，民如野鹿；端正而不知以为义，相爱而不知以为仁，实而不知以为忠，当而不知以为信，蠢动而相使，不以为赐。是故行而无迹，事而无传。"在《马蹄》中讲："夫至德之世，同与禽兽居，族与万物并，恶乎知君子小人哉！同乎无知，其德不离；同乎无欲，是谓素朴，素朴而民性得矣。"在《胠箧》中也讲："子独不知至德之世乎？昔者容成氏、大庭氏、伯皇氏、中央氏、栗陆氏、骊畜氏、轩辕氏、赫胥氏、尊卢氏、祝融氏、伏牺氏、神农氏，当是时也，民结绳而用之，甘其食，美其服，乐其俗，安其居，邻国相望，鸡狗之音相闻，民至老死而不相往来。若此之时，则至治已。"在《山木》中还讲："南越有邑焉，名为建德之国。其民愚而朴，少私而寡欲；知作而不知藏，与人而不求报；不知义之所适，不知礼之所将；猖狂妄行，乃蹈乎大方。"这里的"至德之世""建德之国"均与玄德相关。

叶，如明月之于归人。而海洋的玄德，就在于翩然起舞的水母，在于往来翕忽的群鱼，在于参差多姿的海藻，在于蒸腾幻化的海雾。

　　地球是孕育神奇的地方。从大地混沌、岩浆蔓延，到那场惊心动魄下了几百万年的雨，海洋赴约。海洋是生命开始的地方。从第一个原始生命体在她体内的孕育，到一代代更高级生命的繁衍、兴旺，海洋用她浩瀚的胸膛哺育着自己的孩子茁壮成长。①

从这段文字中，我们就可以看到"玄德"的影子。也许有人会不以为然：飓风摧折了桅杆，海啸吞噬了家园，鲨鱼侵袭了渔夫，难道海洋在给予人们的同时不忘鞭笞？难道这也是所谓的海洋的玄德？

我的回应是：这没什么可以抱怨的。海洋只不过是顺乎本性而为，犹如"天地不仁，以万物为刍狗"一样，海洋也无所谓"仁"。当然，这里的"仁"是一个道德的或伦理的概念。前文讲过，所

---

① 李凤岐主编：《初识海洋》，中国海洋大学出版社2011年版，第2页。

谓德性即是事物的本性；道德则是人的内在规范，作用于个体的行为、态度及其心理状态；而"伦理"为外在社会对人的行为的规范和要求。所以对于玄德来说，它只属于德性的层面，不能用道德或伦理加以衡量。

论述完只属于德性层面的"玄德"，我接下来讲一下具有道德意蕴的"厚德"。"厚德"一词的出处大家自然耳熟能详，那就是《易经》中的"天行健，君子以自强不息。地势坤，君子以厚德载物"。其中，"君子以厚德载物"包含着两种可能：一是君子因"厚德"而"载物"，二是君子"厚其德"而"载物"。第一种解释属于德性层面，如同大地能够载物、海洋能够载物一样，君子可以无我无私地生化事物，近乎圣人；第二种解释则属于道德层面，就是君子通过扩充自我德性中的善端而"载物"。

那么，人在扩充自我德性的过程中，海洋是如何参与的呢？

应该有人能想到一个简便的法门，那就是试着从海洋的玄、容、动、生的德性中来寻找，比如我们可以生发为：海洋有玄，其玄若道；海洋有容，其容若仁；海洋有动，其动若义；海洋有生，其生若德。然而，尽管这个解读和很多古人

分别法，除拣择见，则天

的言论是一致的①，但是整个解读还存在不足。钱锺书先生曾有一段妙论："水自多方矣，孔见其昼夜不舍，孟见其东西无分，皆匪老所思存也，而独法其柔弱。然则天地自然固有不堪取法者，道德非无乎不在也。此无他，泯分别法，除拣择见，则天地自然无从法耳。"②

---

① 《荀子·宥坐》有记："子贡问曰：'君子见大水必观焉，何也？'孔子曰：'夫水者，启子比德焉。遍予而无私，似德；所及者生，似仁；其流卑下，句倨皆循其理，似义；浅者流行，深者不测，似智；其赴百仞之谷不疑，似勇；绵弱而微达，似察；受恶不让，似包；蒙不清以入，鲜洁以出，似善化；至量必平，似正；盈不求概，似度；其万折必东，似意。是以君子见大水必观焉尔也。'"

② 《管锥编》老子王弼注（9）："然道隐而无迹、朴而无名，不可得而法也；无已，仍法天地。然天地又寥廓苍茫，不知何所法；无已，法天地间习见常闻之事物。八章之'上善若水'，一五章之'旷兮其若谷'，二八章之'为天下溪'，三二章之'犹川谷之于江海'，三九章之'不欲珠珠如玉，珞珞如石'，四一章之'上德若谷'，六六章之'江海所以能为百谷王者，以其善下之'，七六章之'万物草木之生也柔脆'，七八章之'天下莫柔弱于水'；皆取则不远也。非无山也，高山仰止，亦可法也；老以其贡高，舍而法谷。亦有火也，若火燎原，亦可法也；老以其炎上，舍而法水。水自多方矣，孔见其昼夜不舍，孟见其东西无分，皆匪老所思存也，而独法其柔弱。然则天地自然固有不堪取法者，道德非无乎不在也。此无他，泯分别法，除拣择见，则天地自然无从法耳。

治人摄生，有所知见，驱使宇间事物之足相发明者，资其缘饰，以为津逮。所谓法天地自然者，不过假天地自然立喻耳，岂果师承为'教父'哉。观水而得水之性，推而可以通焉塞焉，观谷而得谷之势，推而可以酌焉注焉；格物则知物理之宜，素位本分也。若夫因水而悟人之宜弱其志，因谷而悟人之宜虚其心，因物态而悟人事，此出位之异想、旁通之歧径，于词章为'寓言'，于名学为'比论'，可以晓喻，不能证实，勿足供思辨之依据也。"

所以，海洋在个人的自我德性扩充过程中，能够体现其参与的基本上是它的激发的功能，可以晓喻，不能证实。海洋具有处下、有容的道德意蕴，当是激发于海纳百川、烟波浩渺的自然之状；海洋虚心而充实、处下而居上、无言且不争等实状，则激发了人对"上善"的不懈追求。我们知道，意象讲求在观物取象之同时，还要做到神与物游。曹操临碣石以观沧海，其胸怀天下之气与沧海磅礴之势相互激荡，遂有"日月之行，若出其中。星汉灿烂，若出其里"的浩叹。诗中既有天海相接、空蒙浑融的具象，又有吞吐宇宙、刚健有为的意象。人说曹操如果没有波澜宏阔的政治抱负，没有旷达乐观的品质气度，那是无论如何也写不出这样壮丽的意境。此说颇为公道，可为佐证。

（三）"敬畏"中的一体性意识

海洋意象之中——尤其是神性意象之中关于对海洋敬畏的材料有很多，此不赘言。而产生敬畏的原因大致有三：无知、恐惧，而或尊重。如果对海洋的无知和恐惧是产生"畏"的理由，那么尊重则是"敬"的直接表述。

早期人类的图腾崇拜，源自他们对自然重要性的朴素意识以及自我生存的忧惧。依此逻辑，关乎海洋神性意象的描述，即应是人类敬畏海洋的基本态度的确立。而关乎"敬畏"的种种描述，又天然地具有相应的道德意义。卡洛琳·麦茜特（Calolyn Merchant）说：

> 对世界的描述性陈述预设了规范性陈述，因此它们具有道德负荷。反之，陈述所具有的规范性功能就在其描述过程之中。规范可能是隐含于描述中不言而喻的假设，以此作为一种看不见的行为规则，或道德上应该与否的标准而起作用。人们或许并未明确意识到描述中所包含的道德含意，但他们在行为上则遵循这些道德指令。①

那么，在描述敬畏的材料中，又究竟隐含着什么道德含义呢？或许就此稍加引申，就可以得到很多，例如尊重、自由等，但其中最为基本的应是一体性。事实上，人们越来越认识到了个人与生活、

---

① ［美］卡洛琳·麦茜特：《自然之死》，吴国盛等译，吉林人民出版社 1999 年版，第 4—5 页。

自然乃至宇宙的一体性，这也是一个自明的真理。

关于人海一体性的意识，完全可以从神话故事里寻觅到踪迹。如前文论及的盘古开天辟地说中，盘古"垂死化身"，不但"目为日月，脂膏为江海，毛发为草木"，而且"身之诸虫，因风所感，化为黎氓"。据此而论，在神话的视阈之下，"日月""江海""草木"，以及"黎氓"（即黎民），都是盘古的一个部分。所以，人与海的关系，就其本源来讲应该是一种一体性意义上的存在。

再如阿弗洛狄忒（Aphrodite），这位古希腊神话中的爱与美之女神，她名字的本意为"由海水的泡沫中诞生"，是奥林匹斯十二主神之一，在罗马神话中被称为维纳斯。

少女阿弗洛狄忒刚刚越出水面，赤裸着身子踩在一只荷叶般的贝壳之上，她身材修长而健美，体态苗条而丰满，姿态婀娜而端庄，一头蓬松浓密的散发与光滑柔润的肢体形成了鲜明的对比，烘托出了肌肉的弹性和悦目的躯体，风神齐菲尔吹着和煦的微风缓缓地把她送到了岸边，粉红、白色的玫瑰花在她的身边飘落，果树之神波摩娜早已为她准备好了红色的

新装，碧绿平静的海洋，蔚蓝辽阔的天空渲染
了这美好、祥和的气氛，一个美的和创造美的
生命诞生了！

　　这是一段美得令人眩晕的故事情节，阿弗洛狄
忒从诞生之时，便是健美的、端庄的、成熟的，并
且拥有创造美的能力。我们之前在母性意象中曾经
阐释，海洋作为人类的故乡，其最重要的意蕴即是
"养育"，这是母性的核心特征，人类的存在与发展
离不开母亲的关怀。海洋对人类的"养育"体现在
两个层面：一是"生"，海洋是"自然人"之母；
二是"育"，也就是对"社会人"的哺育。阿弗洛
狄忒这一形象，就与此相符。

　　进一步讲，阿弗洛狄忒或者神即是人海关系的
一个纽带，抑或一个象征。阿弗洛狄忒诞生于海却
具有人的形体，而且是完美的形体。作为神，她既
能传达海的"旨意"，又能接受人的表达。即便时
至今日，随着人类社会的进步，阿佛洛狄忒或者神
的光环渐次消退，但他们所隐含的人海一体性关系
依然如初。当然，如果我们对人海一体性关系进行
追溯，那么下一步就可以推演出人与自然的一
体性。

不过需要进一步说明的，"一体性意识"是存在区别的：一种是基于系统论视角下的"一体性意识"，一种是基于心性发现基础上的"一体性意识"。单就人海关系而言，系统论视角下的"一体性意识"仍有主体和客体之分别，其关注点是系统的动态平衡或持续性存在；而基于心性发现基础上的"一体性意识"①，则是消解主体和客体之分别，主张心外无物，人与海是在真正意义上的一体，其状态如同庄子所讲的"同与禽兽居，族与万物并"。

在《相约星期二》一书里，智慧的莫里老师讲了这么一个故事：

> 一朵在海洋里漂流了无数个春秋的小海浪，它享受着海风和空气带给它的欢乐——这时它发现，前面的海浪正在撞向海岸。
>
> "我的天，这太可怕了。"小海浪说，"我

---

① 王阳明于谪贬龙场驿投水脱难抵武夷山时有诗云："险夷原不滞胸中，何异浮云过太空？夜静海涛三万里，月明飞锡下天风。"其能有险夷原不滞胸中之境者，在能忘祸福死生也。其能有何异浮云过太空之境者，在能忘功名得失也。其能有夜静海涛三万里者，在能忘得干干净净，便看得只是一片海阔天空也。其能有月明飞锡下天风之境者，在能有海阔天空之境后，便自会只是清明一片矣。外物我，忘天地；外形骸，忘生死；浑然与万物为一体，与古今为一贯，与天地同一化。

也要遭此厄运了！"

这时又涌来了另一朵海浪，它看见小海浪神情黯然，便对它说："你为何这般惆怅？"

小海浪回答说："你不明白！我们都要撞上海岸了，我们都将不复存在了！你说这不可怕吗？"

那朵海浪说："不，是你不明白。你不是海浪，你是大海的一部分！"①

——如果自然是海，那么人就是海浪。所以，人绝不是一种超自然的存在，唯有把自己置入自然，方得永久。

---

① ［美］米奇·阿尔博姆：《相约星期二》，吴洪译，上海译文出版社 1998 年版，第 174 页。

第四章

关于海洋与人关系的考量

如今的人类已经习惯把一切的"非人类"都视为资源，并在种种灰色规则之下分享。这种习惯的形成理由似乎也很简单：食物链的"金字塔原理"已经表明人在自然界中的地位，而且人们也拥有了对其他生物及其环境的支配和改造能力。然而沉醉其中的人类还是无法蒙蔽这么一个事实：一个系统的承载力必是有限的。所以每每读到《圣经》中神让人"管理海里的鱼"之时，自己竟有了黯然的感觉。那么，人与海洋的关系到底应是一个怎样的存在？

一　浮舟于海

我曾好奇于一个问题，那就是谁创制了世界上的第一只小舟，最终的结论是漫不可考。虽然明代的罗欣在《物原》中煞有介事地说道："燧人以匏济水，伏羲始乘桴，轩辕作舟，颛顼作蒿桨，帝喾作柁橹，尧作维牵，夏禹作舵加以蓬碇帆樯，伍员作楼船。"但这段话是要打折扣的，好比屠户找了张飞做祖师，铁匠供奉的是拥有八卦炉的太上老君。与此相比，我宁愿相信创制舟的人只是一位默默无闻的渔夫，或是一个着急渡水的旅人。

（一）舟，一个灵性的存在

当然，罗欣的话也并非一无所取之处，由匏至桴，就是一个巨大的转变，因为"以匏济水"只能算作对外物的单纯利用，"桴"的出现则可称为一项创举。自此之后，无论是轻盈小巧的舟，还是悠然自得的船，乃至耀武扬威的舰，都是部分的功能性或文化性的延伸。而我想说的"舟"，则包括这一切水上工具，比如艖、艒、舠、艜、艀，比如艎、艛、舫、艞、舸，比如艅艎、舰艇和舢板。①还有《楚辞·九章·涉江》"乘舲船余上沅兮，齐

---

① 艖、艒、舠、艜、艀，均指小船。艎是海中大船，艛是古代有楼的大船，舫、艞（yào）、舸等均是大船。此外，还有便樭、彩鹢、叔樭、凫舟、剡松、龙骧、平乘、青翰舟、三翼、乌榜、仙舸、仙艖、仙舻、羽鹢、舳舻、舴艋、含烟舟、竹叶舟、黄篾舫等等。

吴榜以击汰"中的"艅船",还有《九歌·湘君》
"桂棹兮兰枻,斲冰兮积雪"中的"桂棹"。它们
或以形名,或以量名,或以质名,不可殚述。

远古的人们喜欢逐水而居,譬如黄河之于古中
国人,尼罗河之于古埃及,恒河之于古印度,底格
里斯河和幼发拉底河之于古巴比伦,此外还有地中
海和爱琴海之于古希腊。理所当然地,人类对于如
何行于水上开始了想象和尝试。有人讲"古者观落
叶因以为舟",此有行舟之意;有人说"见窾木漂
而知为舟",此为浮舟之形。窾木就是有孔洞的树
木,这正是独木舟的原型。2002 年,杭州萧山跨湖
桥遗址中发现了一条 5.6 米长的独木舟,松木材
质,距今已有 8200—7500 年,粗粗算来应是新石
器时代的产物。专家还原了它的制作过程:先是选
取高大挺直的松树树干,用火烧烤需要刳除的位
置,其余部分涂上泥巴保护,然后用石器修整、打
磨。不晓得第一位乘上独木舟的人是何种感受,单
是想想人能从容地漂浮于水上,已是一件多么快意
的事。

比起竹排或木舟,我更喜欢的是略带诗意的
芦苇筏。有人宣称芦苇筏起源地是在尼罗河,因
为古埃及的版图中沙漠占了绝大部分,而尼罗河

每年都定期泛滥，形成了许许多多湖泊与河流，芦苇丛生。尼罗河流域的远古人类伐苇为筏，捕鱼串门，方便极了。后来他们又把芦苇筏两旁边加高，头尾捆扎起来，就成了古人类最原始的芦苇船。

对于这个观点，我是不赞同的。因为说起芦苇筏，古中国人制作的年代不见得就比古埃及人晚，应用的水平也不比其差。《诗经·卫风·河广》歌曰："谁谓河广，一苇杭之。"①孔颖达对此的解释是："言一苇者，谓一束也，可以浮之水上而渡，若桴筏然，非一根苇也。"《吴书·妃嫔传》中亦有记载：

徐琨年少时在州郡做官，汉末天下大乱，他辞去官职，跟随孙坚征战有功，被任命为偏将军。孙坚去世，他跟随孙策在横江讨伐樊能、于

---

① 作《河广》诗者，宋襄公母，本为夫所出而归于卫。及襄公即位，思欲乡宋而不能止，义又不可往，故作《河广》之诗以自止也。

谁谓河广，一苇杭之。

谁谓宋远，跂予望之。

谁谓河广，曾不容刀。

谁谓宋远，曾不崇朝。

其中，"刀"通"舠"。

麋等。在当利口攻打张英，因为船少，只好打算安营驻守寻求船只。徐琨的母亲当时也在军营中，她对徐琨说："恐怕州里会多派出水军来抵御，这样就不利了，怎么可以驻守不动呢？应当砍伐芦苇编造成筏，辅助船队渡兵。"徐琨将这些话报告孙策，孙策当即行动，军队全部得渡。随后就打败张英，击溃笮融、刘繇，奠定东吴大业基础。①

此外，佛教典故中还有一苇渡江的故事。传说达摩在江岸折了一根芦苇，站立其上施施然渡过长江。这显然不科学，此处的"一苇"应与诗经中的"一苇"相同，都是芦苇筏子。

求实性的阐释总会以诗意的丧失为代价，真是令人遗憾。弥补的办法倒是也有，比如可以想象一下由原木、青竹或者芦苇所散发出的幽幽清香，天水相接处的隐约帆影，烟销日出之时的几声欸乃，

① 《三国志·吴书五·妃嫔传第五》："琨（笔者按：徐琨，孙坚的外甥，征讨黄祖时中箭身亡）少仕州郡，汉末扰乱，去吏，随坚征伐有功，拜偏将军。坚薨，随孙策讨樊能、于麋等于横江，击张英于当利口，而船少，欲驻军更求。琨母时在军中，谓琨曰：'恐州家多发水军来逆人，则不利矣，如何可驻邪？宜伐芦苇以为泭，佐船渡军。'琨具启策，策即行之，众悉俱济，遂破英，击走笮融、刘繇，事业克定。"

以及泛然若不系之舟的自然和适意。比如读诵柳宗
元的《江雪》，可以洗涤身心之中的烟火气。"千山
鸟飞绝，万径人踪灭"句已经让人感觉若至绝域，
而孤舟之上垂钓于江雪的蓑笠老翁，则高冷孤寂到
令人无法近观。按理说，在绝域之中寻到人迹，应
是欢欣愉悦的。但诗人反其意而行之，于极静之中
再取极静，空灵得近于禅意。而禅意的营造，得益
于舟。如若不信服，试换任何一字或一词，都无有
此滋味。

再如韦应物的名句："春潮带雨晚来急，野渡
无人舟自横。"别人从中读出了闲淡宁静，我则读
出了忧伤，"野渡之舟"无论或横或纵、有人无人，
定是比不得"不系之舟"之泛然。所以，在中国古
人的视野内，舟具备着一种特殊的灵性。于外，是
人之庇护者，可在波涛之中遨游；于内，则是心灵
安顿之处，犹如茫茫雪野之中的那片孤舟。我曾经
填过一首曲子《般涉调·耍孩儿》，当时的心境与
此有些许契合之处：

　　【耍孩儿】烟波拍岸舟中酒，对饮翩跹翠
柳。长歌轻棹过瓜洲，怎言离恨疏愁。无边飞
絮潺潺水，此刻王孙清泪流。相思瘦，一朝谋

面，一世不休。

【煞】萋萋草，莽莽洲，鹧鸪不语鹈鴂诱。野风残照阑珊叹，谁予欢颜复又收。贪相见，不惜路远，怎料别忧。

【尾】相见难，再聚久，愿与梦里长相就，可否依旧，倾尊酒。

（二）舟行于海：一方场景，一个隐喻

我一直固执地认为，《圣经》中最美的语句莫过于"神的灵运行在水面上"，因为我们如若就此稍加品味，便可体会到其中令人敬畏的从容与坚定，乃至随之而来的生命的张力。而《论语》中最美的语句，则应是"道不行，乘桴浮于海"。

对此，《汉书·地理志下》中解释说："孔子悼道不行，设浮于海，欲居九夷。"唐代颜师古注："言欲乘桴筏而适东夷，以其国有仁贤之化，可以行道也。"宋代邢昺疏："言我之善道中国既不能行，即欲乘其桴筏渡于海。"都过于一本正经了，不太喜欢。现在我们不妨回溯到孔子讲话时的场景里。

子曰："道不行，乘桴浮于海，从我者，其由与！"子路闻之喜。子曰："由也好勇过我，无所取材。"①

当初读书到此，我便怀疑这是师生之间的玩笑话，谑而不虐。孔子不担心子路介怀，子路也不怀疑老师的真诚。原因很简单，孔子在世之时其道一直未被国君采纳，"当世不得志，死后多殊荣"的评价虽稍显尖刻，却实事求是。而且孔子一辈子也没出过今天的山东、河南两省。所以，"道不行，乘桴浮于海"只是孔子的一个假定、一个想象。这一点和屈原有些类似，《离骚》有词："何离心之可同兮？吾将远逝以自疏。""陟升皇之赫戏兮，忽临睨夫旧乡。仆夫悲余马怀兮，蜷局顾而不行。"一边伤心欲别，一边踯躅彷徨。只不过屈原大声地说了出来，孔子还把它埋藏在心里，偶露端倪。

那些讲孔子希望迁居蛮夷之地的说法很不靠谱，想一想，一个坚定的仁者、勇者，怎么会消沉至退隐状态？这不是一以贯之的态度。孔子可以失

---

① 《论语·公冶长》。

落、可以悲怆，但他绝不可能避世。至于说孔子的
离开是为了至蛮夷之地行教化之举，这也讲不通，
因为离开的本身就是对"知其不可为而为之"的
否定。

　　所以，相对于"乘桴浮于海"，孔子对行道的
坚持更需勇气，即便是"天下无道久矣，莫能宗
予"。于是，临死之前的孔子，拖着拐杖高歌"太
山坏乎！梁柱摧乎！哲人萎乎！"的情景，就有了
风萧萧兮的苍凉与悲壮。概而言之，"道不行，乘
桴浮于海"是勇者的作为，但绝不会是仁者的实际
选择。在这里，海洋只是作为一方想象中的场景，
浮舟只是作为一个隐喻。场景的提供只为凸显勇
气，浮舟则是对道的坚守。

　　"乘桴浮于海"中的想象和隐喻不止于此，譬
如《博物志》记载："旧说，天河与海通，近世有
居海渚者，年年八月，有浮楂来过，甚大，往反不
失期，此人乃多粮，乘楂去，忽忽不觉昼夜，奄至
一处，有城郭屋舍，望室中，多见织妇，见一丈
夫，牵牛渚次饮之，此人问此为何处，答曰：问严
君平，此人还，问君平，君平曰：某年某月，有客
星犯牛斗，即此人乎。"这则神话故事里，可往返
于天河与海之间"浮楂"颇显神性，但关于牛郎织

女传说的植入则落入平俗，给人的感觉是天上人间何相似欤。

舟行于海，古希腊人的故事更具诗意。比如西壬海妖，根据《奥德赛》的描写，她们居住在客耳刻岛和斯库拉之间，以奇妙的歌声引诱航海者，使他们迷而忘返。奥德修斯从这里经过时，依照客耳刻女神的嘱咐，用蜂蜡把同伴的耳朵封住，使他们听不到歌声，又让同伴把他自己绑在船桅上，因此奥德修斯是第一个听到西壬女妖的歌唱而又未遇难的人。据另一传说，阿耳戈斯的英雄们经过这里，俄耳甫斯用自己美妙的歌声压倒了西壬，吸引住了自己的伙伴，顺利地通过了这个危险的地带。无论哪个故事，最终的结果都是西壬女妖们怒而投海，身化岩石。故事所隐喻的，应是人们对新航线的开辟，或是对水下暗礁的认识。

推崇希腊文化的尼采也曾以舟行于海的意象，表达自己否定传统价值、追求个性独立的精神，在《新的哥伦布》一诗中，他主张"重估一切价值"，开拓新的未知之域：

　　女友！——哥伦布说——不要
　　再相信任何热那亚人！

他总是向着碧空远眺——
最远的地方太将他吸引！

我现在珍视陌生的异国！
热那亚——它已沉没而消失——
心呀，冷静些！手呀，掌好舵！
前面是海洋——是陆地？——陆地？——

我们要牢牢站稳脚跟！
我们永不能走回头路！
看，它们正在远方恭候我们
死亡，荣誉，还有幸福！①

（三）漂流的意蕴

两叶扁舟随着海浪而起伏，一位微笑的少女在船舷一侧荡秋千，海风舞动着长发。一位老人持弓而立，神情肃穆而忧伤。这是韩国"怪咖"金基德执导的电影《弓》之镜像；一叶扁舟出没于惊涛骇

---

① ［德］尼采：《尼采诗选》，钱春绮译，北岳文艺出版社2003年版，第72页。

浪，一头猛虎伴随在一个少年身边，这是李安导演的《少年派的奇幻漂流》的镜像。① 两个镜像的重叠于一个词语：漂流。只不过，前者的漂流是一种躲避，后者的漂流是一种回归。

关于漂流，不同的文化有不同的故事，我暂且抽取三个，分别是《镜花缘》《航海家辛巴达》和《鲁滨孙漂流记》，虽然时代有所不同，不过文化特质才是我首先考量的事情。

《镜花缘》的前半部分，是唐敖、多九公等人乘船在海外游历的故事。他们路经 30 多个国家，

----

① 《弓》的内容简介：蓝色的大海上，漂荡着一大一小的两只船。小船来往于大海和陆地之间接送游客。然后游客在大船之上钓鱼、看风景。经营这两条船的是一个年过花甲的老人和还没到 17 岁的少女。少女是十年前老人在岸上捡到的。十年来，少女都没有上过陆地。老人与少女约定，等少女年满 17 岁的时候，老人就会与少女结婚。某日，船上来了一个年轻英俊的游客之后，情窦初开的少女开始反抗老人，最后老人投海而死。电影以"弓"命名，却以海和舟为平台。如果把老人比拟为上帝，扁舟则如伊甸园。上帝眼中那枚该死的却又必然存在的苹果，犹如少女的情窦。当人类"叛逆"地成长之时，必会产生"上帝已死"的告示，无论是基于信仰，抑或事实。如同面对少女的爱情，曾经强权且懦弱的老人终于投海自尽，这个挣来的颜面，不关乎勇气，而是一种另类的涅槃。与同样"浮舟于海"的《少年派》相比，《弓》的解读空间更为宏大，对神性与人性的阐释也更为深刻。当然，炫的程度有所不及——尽管这并不重要。

见识了各种奇人异事、奇风异俗，例如：在"君子国"人人好让不争，国王严令禁止臣民献珠宝；"大人国"的脚下有云彩，好人脚下是彩云，坏人脚下是黑云，大官因脚下的云见不得人而以红绫遮住；"女儿国"里林之洋被选为女王的"王妃"，他被穿耳缠足；在"两面国"里的人前后都长着脸，每个人都有两个面孔，前面一张笑脸，后面浩然巾里藏着一张恶脸，这些人都虚伪狡诈；"无肠国"里的人都没有心肝胆肺，他们都贪婪刻薄；"豕喙国"中的人都撒谎成性，只要一张嘴，就都是假话，没有一句是真的；"跂踵国"的人僵化刻板。这些所谓的国家，大多是作者李汝珍从《山海经》中摘取加工而成，并无实据。而且关于海洋的描述，更是语焉不详，见了大洋单单是"眼界为之一宽""心中甚喜"，就连"观于海者难为水"的感叹也带着几分牵强，故无真意。

与既无实据又无真意的《镜花缘》相比，《航海家辛巴达》的故事虽然也很奇幻，但关于航海的描写还是比较真实的，比如船因为风浪而无法控制，或者走错了航线而陷入危险等等。此外，故事的逻辑结构搭建的也非常不错。故事开篇就很有意思，贫穷的脚夫和奢华的航海家都叫辛巴达，脚夫向真主抱怨命运不公：

可怜的人有多少呀？
何以立足，寄人篱下。
我，可怜的一员，疲惫、卖力，
生活的苦难，肩上的重担，有增无减。
我何曾像别人那样幸福？何曾享乐？
同是一样的人，一样的体，可鸿沟是如此
巨大，
呵，呵！
我盼望，公正的法官，请你判决。

对此，航海家辛巴达在讲第六次航海时就给予
了间接回应：

去吧，
闯出危险，勇往直前。
远离故园，不要哀怜。
宇宙何处不能栖身？
不必忧心忡忡，人生如梦，灾难总有
尽头。
命运支配着人，你唯一的依靠是自己。

　　鲁滨逊漂流的故事估计大家都不陌生，就是他在大海中遭遇船难，船上全部船员葬身鱼腹，仅鲁滨逊一人脱难，漂流至一荒岛之上。从此，他孤独地在此拓荒、种地、驯化野生动物、自制生产工具。后来他还救了一个野人俘虏，取名礼拜五。鲁滨逊在岛上生活了 28 年，最后一艘英国船航经荒岛，他得以搭船回国。

　　有人说，鲁滨逊的"心路历程"与韦伯笔下的资本主义新人契合：在流落孤岛之前，他精神上是个浪荡子，但在一场几乎让他送命的高烧之中，他突然看到了上帝："上帝为什么要拯救我呢？我何以回报他的用意？"在孤岛上待得越久，他的信仰就越虔诚，到最后信仰成了他生存的最强大动力。就这样，遭遇变成了召唤，被遗弃变成了被拯救，上帝给他关上一扇门，但也打开另一扇门。28 年里，他在孤岛上创造的不仅是房子农田畜牧，而且是一座朝圣的庙宇。

　　所以，无论是荒诞虚幻的《镜花缘》，还是亦真亦幻的《航海家辛巴达》，以及带有写实色彩的《鲁滨逊漂流记》，所有的漂流都体现出了对人性的剖解，而且人性的光辉也多有闪现。比如鲁滨逊已经寻到了心灵的宁静，他已经"完全不介意在岛上度过余生"，因为那时候他已经凭辛勤劳作开拓了一个荒岛，他觉得自己没有辜负上帝的美意，可以吹着口哨优哉游哉地去天堂了。

舟先行于江河，后行于海波，再行于缥缈。或许对于漂流本身而言，就是个人与人生、个人与时代、个人与社会、个人与理想的最好承载。无论漂流者出发之时是基于逃避、抱负或者灾难，无论其在途中经历何种的危险、收获何种的财富，但最终的渴望就是回归，或者回归于陆地上的家园，或者回归于生活的平淡，或者回归于心灵的宁静。

（四）那位来自徽州的海盗

公元1121年，席卷六州五十二县的方腊被擒，北宋皇帝赵佶长长地舒了一口气，然后作出了两个决定：一是免除"二浙、江东被贼州县"三年的赋税徭役，以示皇恩；二是"改睦州、建德军为严州、遂安军，歙州为徽州"，以示惩戒。

这是徽州在历史上的第一次亮相，尽管其背后或多或少地闪烁着赵佶那冰冷的眼神。按照《说文》所言，"徽"即是三股绳，而且由绳索还可引申到捆绑、获罪，他用"徽"字来宣称这是一块滋养了王朝罪人的土地。然而，比《说文》更早的辞书《尔雅》对此却有另一种解释："徽，善也。"
所以我怀疑其中还隐含着"使民向善"的希冀。

无论是绳索还是向善，徽州，犹如宇宙中的原
始星云坍缩后形成的恒星一般，自此开始熠熠生
辉。程朱理学、徽州朴学、新安画派、徽派建筑，
还有徽剧、雕刻、徽菜、竹编、徽墨，这些简直都
是中国传统文化中最为厚重的沉淀。不过，最令我
惊讶和着迷的还是徽州人，比如那位曾经的海上王
者——王直。

据《歙志》记载，王直在出生时其母汪氏曾梦见
有大星从天上陨入怀中，旁有一峨冠者惊诧地告诉汪
氏："此弧星①也，当耀于胡而亦没于胡。"已而，大
雪纷飞，草木皆为结冰。王直长大后闻听母亲讲述关
于他降生时的异兆，独窃喜曰："天星入怀，非凡胎
也；草木冰者，兵象也。天将命我以武显乎？"

徽州山水上佳但土地贫瘠，所谓"前世不修，

①　又名天弓，属井宿，简称弧。共九星，在天狼星东南，八星如弓形，
外一星像矢，分属于大犬、南船两星座。
《深谷秘诀》之"诸星吉凶"："将军天弧也，威猛刚勇，性度粗暴，半吉
半凶，与吉星之得地发越者会，则为治世之功臣，与吉星之失地陷弱者会，则
乱世之奸雄，与杀星之雄大者相遇，则作祸作福，韩白英卫之功业，身命官宫
与奏书交会者，若得人庙得垣，则为出将入相，文武吉甫之才，若与杀曜之落
陷者相冲，则终为赵括骑劫之覆三军。"

生在徽州，十三四岁，往外一丢"，王直也不例外。他先是在国内贩卖私盐，嘉靖十九年（1540）他偕同徐惟学、叶宗满等在广东打造海船，"置硝黄丝棉等违禁货物，抵日本暹罗西洋诸国往来贸易"。

据日本古籍文献《铁炮记》记载，嘉靖二十二年（1543），大明儒生汪五峰与西南蛮种贾胡（葡萄牙海商）乘坐的大海船"漂着"到了种子岛，并向岛主时尧进献铁炮（火枪）。日本史学界很重视这个"铁炮传入"的历史事件。由于铁炮的传入，开创了日本铁炮武器时代的新纪元，使得百年战乱的战国时代得以提前结束，历史意义重大。而儒生五峰，就是王直。

由于海外贸易在当时为非法活动，很多商、民转为寇、盗。王直于嘉靖二十三年（1544）加入徽州府歙县同乡的许栋集团，在双屿港当管库（为司出纳），不久被提拔为管哨。嘉靖二十四年（1545）他又随日本贡使①去日本，诱带博多津的助才门等三人到双屿参加走私贸易。嘉靖二十七年

---

① 据田中健夫所著的《倭寇——海上历史》（社会科学文献出版社2015年版，第107页）所推测，这个所谓贡使，似乎就是嘉靖二十三年到明朝的日本僧人寿光一行，他们未被明朝允许进行正式贸易，于是在宁波附近进行走私贸易，与王直建立了关系。

（1548），浙江巡抚朱纨发兵双屿港，集团首领许氏兄弟逃往海外，"素有沉机勇略，人多服之"的王直被众人推为船长，收集团余众及船只，重整旗鼓。嘉靖二十八年（1549），又因官方遣散朱纨攻双屿港时所招募的福清兵船时不支粮饷，导致大半兵船投奔王直麾下，壮大了王直势力。后来，王直以日本五岛为基地，招聚亡命，建造巨舰，自称徽王，当时"海上之寇，非受（王）直节制者，不得存，而直之名始振聋海舶矣"。

嘉靖三十三年（1554）四月，胡宗宪受命出任浙江巡按监察御史，官至兵部左侍郎兼都察院左佥都御史，总督南直隶、浙、福等处军务，负责东南沿海的抗倭重任。胡宗宪遗使蒋洲和陈可愿至日本与王直养子王潋（毛海峰）交涉，遂见王直，晓以理，动以情。王直表示愿意听从命令，他将蒋洲留在日本，命毛海峰护送陈可愿回国面见胡宗宪，具体商量招抚和互市事宜。胡宗宪厚抚毛海峰，使其消除了疑虑。

嘉靖三十七年（1558）二月五日，胡宗宪慰劝王直至杭州谒巡按王本固，被王本固诱捕，顶不住或者根本没想去顶住朝廷压力的政客胡宗宪

顺水推舟，献出了王直的性命。^① 嘉靖三十八年
（1559）十二月二十五日，王直被斩首于杭州省城
宫港口。临刑之前他拿一根髻金簪授其子叹曰：
"不意典刑兹土！"至此，我们可以发现隐语"耀
于胡而亦没于胡"已经得解："耀于胡"是指其
海上行为对当时的日本、暹罗和西洋诸国产生了
足够了影响；"没于胡"则是指接受招安于胡宗
宪，并因此而死。

纵观王直一生，有人谓之海商，有人谓之盗
寇，有人谓之枭雄。王直出身贫寒，航海经商乃其
生存之需要。加入海盗，实因国家实施海禁的缘
故。成为海盗或海商首领，则有靖海之功。朝廷招
安，遂以身犯险，不惜丢掉身家性命。

王直先是求生存，再而求财势，再而求秩序。
嘉靖年间的海洋是一种无序状态，武装冲突纷杂，

---

① 三司集议时曰："王直始以射利之心，违明禁而下海，继忘中
华之义，入番国以为奸。勾引倭夷，比年攻劫，海宇震动，东南绎
骚。……上有干乎国策，下遗毒于生灵。恶贯滔天，神人共怒。"胡宗
宪谓："（汪）直等勾引倭夷，肆行攻劫，东南绎骚，海宇震动。臣等
用间遣谍，始能诱获。乞将直明正典刑，以惩于后。宗满、汝贤虽罪在
不赦，然往复归顺，曾立战功，姑贷一死，以开来者自新之路。"明世
宗下诏："直背华勾夷，罪逆深重，命就彼枭示，宗满、汝贤既称归顺
报功，姑待以不死，发边卫永远充军。"见（明）采九德《倭变事略》。

既有官兵与海盗的交战，又有海商集团或海盗之间的武装冲突。嘉靖二十九年（1550），海盗卢七率众攻掠杭州江头、西兴、坝堰，"劫掠妇女、财货"泊船马迹港。王直率领船队往击卢七，杀千余人，擒七人和妇女二名，获船十三艘，解交定海卫掌印指挥李寿，押送巡按衙署。嘉靖三十年（1551），陈思泮谋杀一王姓船主，夺其"番红"二十艘。横行浙祥，据横港，"官兵不能拒敌"。王直即与慈溪通番海商柴德美合力攻袭陈思泮，毁其大船七艘，小船二十艘，擒陈四等一百六十人，被掳妇女十二人，解送海道。陈思泮败亡。嘉靖三十一年（1552），又因倭贼围攻舟山所，王直受海道总指挥张四维命，追杀"倭船"两艘，为舟山所解围。上述屡屡战功，使得王直在浙江海域的声势不可一世，王直已经在某种程度上已经取代了孱弱的国家海防官兵，成为海上秩序的实际维护者。反观明朝执政者的态度：王直以为靖海有功，官府会松动海禁，允许通番互市。可是，当他"叩关献捷，乞通互市"之时所得到的答案只是"官府弗许"；他为了"得稽海上，开市以息兵"而求官，朝廷自然也未许诺。而且不但不答应王直的请求，明朝廷反趁他"以遍舟泊列表"之时，命参将俞大猷统舟师数千进行围攻，王直后来避居日本。

　　有人评论王直，说走私之事已经说明他是罪犯、堕落者，我想问陈胜吴广是不是秦法定义下的罪犯？有人说王直勾结日本人，实为汉奸，我想问王直到底是服务于日本人还是让日本人服务于他？有人说倭寇之患令中国沿海造成了巨大损失，我想问这岂不是王直追求建立海上秩序的原因之一吗？不可否认，作为海盗或武装海商首领的王直，定会从事暴力活动，但他与徐海等人有所不同，在本质上，他海商的身份似乎更明显一些。

　　在《自明疏》之中，王直也进行了自辩："戴罪犯人王直，即汪五峰，直隶徽州府歙县民，奏为陈悃报国、以靖边疆、以弭群凶事。窃臣直觅利商海，卖货浙、福，与人同利，为国捍边，绝无勾引党贼侵扰事情，此天地神人所共知者。夫何屡立微功，蒙蔽不能上达，反罹籍没家产，举家竟坐无辜？臣心实有不甘。"随后他又历数功劳，祈求开放海禁。"以夷攻夷，此臣之素志，事犹反掌也。如皇上仁慈恩宥，赦臣之罪，得效犬马微劳，驰驱浙江定海外长涂等港，仍如广中事例，通关纳税，又使不失贡期。宣谕诸岛，其主各为禁制，倭奴不得复为跋扈，所谓不战而屈人之兵者也。"

单就平倭策略而言，王直的建议无疑是可行的，而且事实证明倭寇之患也正是因此而逐渐平息。但不幸的是，当王直寻觅自我身份转变之时，已注定了他必被诛杀的归宿。毕竟民怨需要止沸，国家形象需要维护，参与走私的豪绅需要继续隐匿，官场的游戏需要平衡。王直是平倭的最佳人选，但不是唯一的选择。

王直被处死后，由于太多的海上势力无法被制约，倭寇之患重又严重起来。谈迁《国榷》中云："胡宗宪许汪直（王直）以不死，其后议论汹汹，遂不敢坚请。假宥汪直，便宜制海上，则岑港、柯梅之师可无经岁，而闽、广、江北亦不至顿甲苦战也。"

嘉靖四十三年（1564），也就是王直被斩五年之后，原任福建巡抚谭纶在回籍守制前，向皇帝条陈"经久善后六事"，其第四事是"宽海禁"："闽人滨海而居，非往来海中则不得食。自通番禁严，而附近海洋鱼贩一切不通，故民贫而盗愈起。宜稍宽其法。"隆庆元年（1567），朝廷批准开放海禁。

1588 年，日本由战乱逐渐走向统一，丰田秀吉颁布海贼禁令，继嘉靖严重倭患之后的一连串的倭寇活动，终于在 16 世纪快要结束的时候慢慢平息了。①

二　文化传承视野下的海洋文化

据说，周王朝有一个非常美好的官方职业——采诗人，每年春天的时候，他们便摇着铜质木舌的木铎出行。或者循着从原野中飘来的烤肉香味，或者轻轻叩开莽莽青山里的一扇柴扉，或者面带微笑拦下一位挎着篮子的河边姑娘："好新鲜的野菜啊，您有什么诗歌可以唱给我听吗?"

司马迁在《史记·孔子世家》中讲到，《诗》原来有三千多篇，但传世的《诗经》只有经过孔子

---

① 1592 年正月，丰臣秀吉发布出兵朝鲜的命令，在顺利攻占汉城后便研议要迁都北京，将北京周围十"国"之地献为御用，赐公卿以俸禄，赐其部下以十倍于原有的领地，甚至命丰臣秀次为大唐（中国）关白，日本关白由羽柴秀秋或宇喜多秀家担任，朝鲜则交给羽柴秀胜或宇喜多秀家统治。很显然，他们想多了，他们失败了。

删选改定后的三百余篇了。① 我毫不怀疑孔子对《诗经》的喜爱，他曾教训自己的孩子说："不学《诗》，无以言。"他还用《诗经》教育学生，经常同他们讨论关于《诗经》的问题，并加以演奏歌舞。于是河州之中的那只雎鸠，关关之声至今犹鸣。

（一）文化传承的若干问题

谈及文化传承，当要先行界定何谓文化。如果用哲学语言简而言之：文化即是一个人化自然的过程，其核心和本原是人。文化理论学家雷蒙·威廉斯（Raymond Williams）曾就"文化"内涵的演变进行了考察："文化的第一个含义是心灵的普遍状

---

① 这一记载遭到普遍的怀疑。一则先秦文献所引用的诗句，大体都在现存《诗经》的范围内，这以外的所谓"逸诗"，数量极少，如果孔子以前还有三千多首诗，照理不会出现这样的情况；再则在《论语》中，孔子已经反复提到"《诗》三百"（《为政》《子路》等篇），证明孔子所见到的《诗》，可能已经是三百余篇的本子，同现在见到的样子差不多。《诗经》的编定，当在孔子出生以前，约公元前6世纪左右。只是孔子确实也对《诗经》下过很大工夫。《论语》记孔子说："吾自卫返鲁，然后乐正，雅颂各得其所。"《史记》的文字，也说了同样的意思。这表明，在孔子的时代，《诗经》的音乐已发生散失错乱的现象，孔子对此做了收集、删选和改定工作，使之合于古乐的原状。

态或习惯，与人类完美的观念有密切联系；第二个
含义是整个社会智性发展的普遍状态；第三个含义
是艺术的整体状况；……第四个含义：包括物质、
智性、精神等各个层面的整体生活方式。"① ——这
和季羡林先生把中国文化划分为知和行的观点有相
通之处——故此，我们可以"承认道德与智性活动
的独立性，以及集中体现人类兴趣，构成了文化的
最初含义"。

　　上面的阐释或许有些晦涩，个人认为更简洁明
了的界定应该九个字足矣：文化即一切与人相关。

　　第二个问题是：何谓传承？

　　可以肯定，传承绝不是抱残守缺式的守旧，也
不是另起炉灶式的革新，而应是对传统文化的批判
继承。从形而上的角度来看，我们传承的是文化精
神，比如"天行健，君子以自强不息；地势坤，君
子以厚德载物"。从形而下的角度来看，我们传承
的是文化范式或文化载体本身，比如宗教、艺术、
民俗等。

　　一直倡导新文化的胡适先生曾对一句西方谚语

---

　　① ［英］雷蒙·威廉斯：《文化与社会：1780—1950》，吴松江、张
文定译，北京大学出版社 1991 年版，第 18—19 页。

进行了一番考究，认为把"No man put the new wine into old bottles"翻译成"旧瓶不能装新酒"是错误的，应该翻译为"旧皮袋不能装新酒"①。所以，"能不能装新酒，要看是旧皮袋还是旧瓷瓶"。当然了，我觉得即便换个新瓶子来装也是可以的，甚至可以说这种"传承"会更高明一些。若是用新皮袋来装新酒，就"传承"而言必会显得粗陋多了，也可以说是失败的。

下面谈谈第三个问题，其实这应该属于个人的一个观点，那就是"传承必须先了解"。

> 昔日有一僧人与一士子同宿夜航船。士子高谈阔论，僧畏慑，拳足而寝。僧人听其语有破绽，乃曰："请问相公，澹台灭明是一个人、两个人？"士子曰："是两个人"。僧曰："这等尧舜是一个人、两个人？"士子曰："自然是一个人！"僧乃笑曰："这等说来，且待小僧伸伸脚。"②

---

① 胡适在《"酒瓶子不能装新酒"吗?》一文里，考证此古语出自《马可福音》第二章二十二节，全文是：也没有人把新酒装在旧皮袋里，恐怕酒把皮袋裂开，酒和皮袋都坏了。只有把新酒装在新皮袋里。

② （明）张岱：《夜航船·序》。

　　平心而论，僧人确有"攻其一点，不及其余"的嫌疑，但士子关于传统文化的无知与张扬，也值得我们在开怀之余省思之。

　　闲暇时聊天，也会偶尔和朋友们谈及中华传统文化，对方大致的情形是或如《楚辞》中的渔父一般"莞尔而笑，鼓枻而去"，或是慨当以慷，指点江山。前者三缄其口，你拿他没办法。而于后者，多是侧耳倾听，但"听其语有破绽"，就定会争论一番。现在回想一下，其实大多时候双方都陷入了"知其一而不知其二"的尴尬。

　　比如知晓"天下兴亡，匹夫有责"的人有很多，但了解"国家兴亡，肉食者谋之；天下兴亡，匹夫有责"的人就少了许多。至于进而能够体悟天下即文化，人人均可于此尽心用力者，又有几人呢？再如传统文化中对"性命"的重视，也绝不可以庸俗化为"好死不如赖活"，因为古人言"性命"绝非单是生理学意义上的指向，而是包含为人处世的大志大节精神。诸葛亮的"性命"所在，即是"鞠躬尽瘁，死而后已"。

　　也许正是因为国人对传统文化"知其一而不知其二"式的鄙陋，成就了许多浅薄之作和非议之词。钱穆在《国史大纲》中告诫读者，对待国史需心怀温情和敬意。以此推之，国人对待中华传统文化的态度似乎也应如此。然而，曾经的事实是温情往往被矫情所替代，敬意则转化成纠结，传统文化也随之日渐萎缩。

毋庸讳言，就当下看来，承继传统文化应该有着双重任务：一要完成缓和价值真空、信仰缺失、凝聚力削弱的危机，二是提供国际影响与扩张的文化实力。那么，接下来就是承继什么样的传统文化，以及如何承继的问题。前者的关键在于是否合乎时代精神和未来趋势，后者的关键在于切合实际的整体架构以及持续的引导推动。

至此，或许有人会对是否能保持传统文化的本真状态产生怀疑——且待小僧伸伸脚——要知道，文化有其历史传统，而其精神则可随时嬗变。唯有符合时代精神，传统文化才能得以生生不息。把文化放到神龛里供人跪拜的行为，恐怕既违之理，又失之情。

于个人而言，中华传统文化，最要紧的是培育独立人格。例如孔子之所以最恶乡愿，就是因为乡愿者最容易随俗流转，自然也就没有独立人格可言。就国家民族而论，中华传统文化则提供了巨大的可阐释空间和凝聚力，立足于"公"，着力于"统"。身家国天下，一体相通，进退自如，斯止矣。

（二）对中西方传统海洋文化的一个误读

文化与文明应是一种表里关系。当下的世界流播着一个误读，那就是西方传统海洋文化或文明是优秀的、超越性的。① 这个观点应是源自于黑格尔在其《历史哲学》一书中对历史文化类型的划分，他以海洋文明作为人类文明的最高发展，宣称与海相连的海岸地区的民族性格智慧、勇敢，认为"大海给了我们茫茫无定、浩浩无迹和渺渺无限的观念，人类在大海的无限里感到他自己的无限的时候，他们就被激起了勇气，要去超越那有限的一切"，进而否定以游牧和农耕为代表的具有"无穷的依赖性"的大陆文明。②

这种"海洋—陆地"二元对立的观点又被无限演绎，并形成和强化了这么一种意识：海洋文明代表西方，是冒险的、扩张的、开放的、竞争的、现代的、

————————

① 比如，有学者如此定义海洋文明：海洋文明是人类历史上主要因特有的海洋文化而在经济发展、社会制度、思想、精神和艺术领域等方面领先于人类发展的社会文化。所以，一种海洋文明之所以能称为海洋文明，一是它要领先于人类社会的发展，二是这种领先主要得益于海洋文化，两者缺一不可。

② ［德］黑格尔：《历史哲学》，王造时译，上海书店出版社1999年版，第92—93页。

民主的，而大陆文明代表东方，是保守的、苟安的、封闭的、忍耐的、传统的、专制的。即便东方有些许海洋文明成果，那也是依附性的、无足轻重的。

事实真的如此吗？我认为并不尽然。为了厘清这个问题，我们有必要先了解一下何谓海洋文化，以及何谓海洋文明。依照个人理解，海洋文化应是人类与海洋的一切相关，也有人表述为"人类对海洋本身的认识、利用和因有海洋而创造出来的精神的、行为的、社会的和物质的文明生活内涵"，也许后者看起来有教科书一般严谨的味道，但前者应该更准确。而所谓海洋文明，个人认为是以海洋为主要相关、使人类脱离相对野蛮状态的生活和生产方式。① 由此可见，海洋文化的概念比海洋文明更

---

① 文明和野蛮是一个相对性的概念，比如较之于原始人把战俘杀掉，使之成为奴隶就是文明，但奴隶对于当下，就是一种野蛮。启良先生认为，如果说"文化"所对应的是"自然"，那么"文明"所对应的则是"野蛮"。这是"文化"与"文明"两词的根本区别。明乎此，我们也就知道了何谓"文化"，何谓"文明"。

也有人认为，文化是内在的、无形的、处于特定情境下特定的人群用思想去感悟才能感觉到的一种精神的存在，这种存在对一个民族或一个人的群体来讲具有超经验的、非遗传的终极的意义，它是一个民族得以独立与延续的精髓，因而，它具有较强的稳定性和御外性。而文明则是外在的、有形的、人们可以直观感知的一种客观的存在，它具有一定程度的普世性。文化的核心对人来讲在于人的世界观，它解决的是"是什么样人"的问题，而文明的核心在于以科技为标志的生产力与社会管理水平，它解决的主要是人生活得如何更像人的问题。

为宽泛，海洋文化只要是人类与海洋相关的行为即可归入，但海洋文明必须是相对于野蛮的人类行为，需要有一定的价值判断和实践检验作为支撑。

把海洋文明与工业文明相混同，把陆地文明与农业文明相混同，这是"海洋—陆地"二元对立论的诡异之处，也是获得海洋文明要优越于陆地文明的理论之基。这种混同好像是有意为之，但差之毫厘谬以千里。另一个诡异之处，则是把海洋文明与海洋文化相混同。这种混同好像无意为之，是对两个概念把握的不够准确。

我们不妨从时下一个比较流行的说法切入：西方文明的摇篮是古希腊，古希腊地理条件特殊，贫瘠的土地决定了它只有通过商业贸易才能维持生存和发展，环海的处境决定了它只能通过海外贸易，海外贸易又促使了平等观念和民主政治的建立，当然还产生了对自由环境的诉求。同时也是因为频繁的航海行为，决定了古希腊人勇于开拓、善于求索的民族性格和民族精神，创造了辉煌灿烂的海洋文化。究其内在逻辑和隐含表达，就是因为古希腊是一个海洋文明代表性国家，所以，以民主、自由、平等为核心理念的西方文明应是获益于西方传统海洋文化。反观中国传统海洋文化，好像除了"以海为田"和海洋文学作品之外就乏善可陈了，而且在闭关锁国的国策之下，海外贸易也时断时续。

这个说法很值得商榷。西方的民主、自由、平等的观念到底是来自于原始基督教义，还是古希腊公民思想，或是自然法原理，这个姑且不论。单是讲海上贸易促发了民主自由平等之观念的观点，就很是令人怀疑。而且如果海上贸易算得而陆上贸易算不得，那么这个观点就有失偏颇了。也许有人会稍稍修正一下讲，西方民主自由平等之观念的促发，是因为海上贸易的频繁。此论恐怕亦不成立，因为中国的海上贸易之频繁，与西方相比并不相形见绌。即便在看似封闭的明清时期，中国和外界的海上联系也远比以前紧密，在国际贸易中扮演着非常重要的角色。

"古希腊是一个海洋文明代表性国家"这个判断可以接受，因为古希腊人们的生产和生活方式都离不开海洋；"西方文明的摇篮是古希腊"这个判断也可以接受，因为事实如此。但是，把民主、自由、平等作为一种独有的观念赋予海洋文明，却既是牵强的、轻率的，也许还是错误的。

关于中西方传统海洋文化，在本书的开始部分就已经总结出了其一致性的部分，比如神性意象、父性意象和母性意象。但就各自的特质而言，还是存在着如下的区分：

一是主体构成不同。中国传统海洋文化的主体，早期是东夷、百越文化系统，先秦、秦汉时代是中原华夏与东夷、百越文化互动共生的文化系统，汉唐时代是汉族移民与夷、越后裔融合的文化系统，宋元以后则是汉蕃海商互联互通的文化系统。①对于西方而言，希腊文明源自爱琴海，后来西欧的历史在很大程度上也还是以海洋为中心展开。无论是亚历山大大帝的古希腊马其顿王国，或者后来的罗马帝国，都是围绕地中海周边分布的。

二是文化的内部影响不同。中国的传统海洋文化有着朝野之分，前者是以士大夫为中心，体现于

_____

① 曲金良教授认为，就广义的"中国海洋文化"的"社会"主体而言，至少可以分作三个层面：一是从事"海业"的最基层的"海洋社会"层面；二是沿海、岛屿地区这一与"海业"联系最为紧密的"区域社会"层面；三是"国家"这个尽管不是事事关乎海洋，但与海洋须臾不可分离的最高整体单元的"民族社会"层面（这里的"民族"，是近代以来的概念，将中国视为一个"民族国家"，那么这个"民族"即"中华民族"）。这就是说，"中国海洋文化"作为中国文化的"海洋内涵""海洋元素"及其表现形态，其创造和传承主体可分为国家主体、区域主体、基层社会主体三大层面。参见曲金良《海洋文化产业生产与消费主体的构成》，《中国海洋经济》2016年第1期。

对海洋的治理；后者则以渔民、海商等为中心，体现于生产生活。就治理层面，虽有三国东吴制定的"舟楫为舆马，巨海化夷庚"的海洋发展战略，以及宋朝制定的"开洋裕国"国家战略，但总体而言普遍采取的策略是陆主海辅基础上的陆海平衡。渔民、海商群体的生产生活，则一直保持着发展状态。与之相比，西方的古希腊人、古罗马人、维京人等对海洋的依赖更为纯粹一些，西方传统海洋文化的内容也更为丰盈一些。

三是文化的向外投射不同。中国人建立了以秩序为目的的朝贡体系，西方人建立了以资源为目的的殖民体系。坚持朝贡模式的中国航海船只所到之处只是进行赠送或等价交换，展示国家道义形象，促进文化交流。殖民模式的欧洲航海则把海盗般地资源掠夺当作原始资本积累，是一部野蛮的殖民史。也许有人会讲海盗并非西方的特产，中西皆然，但这个问题的关键是西方把海盗式的掠夺上升到了国家层面。

（三）王与霸：中西方海洋文化中的国家意志

王道与霸道是中国传统文化中的一对概念，恰好可以拿来说明一下中西方传统海洋文化中的差异。《孟子·公孙丑上》说："以德行仁者王"而"以力假仁者霸"，也就是推崇王道而贬抑霸道。商鞅则相反，推崇霸道而贬抑王道。战国末年，荀子认为"隆礼尊贤而王，重法爱民而霸"，二者同样可以强国，但是比较起来，"粹而王，驳而霸"，王道还是比霸道更为理想的主张。到了汉代，汉宣帝总结封建统一帝国建立以后的统治经验，认为"汉家自有制度，本以霸王道杂之"，二者成为统治者两手并用的统治方术。宋代的程朱理学又把二者对立起来，重新提出了王霸之辩的问题，认为王道行仁义而顺天理，霸道假仁义以济私欲，因而推崇王道而贬抑霸道。

概而言之，霸道是一种凭借实力的强权政治，王道是一种以道德为基础的仁政。西方主张霸道，中方主张王道，这似乎是当下的公论。比如：

对于古希腊人来讲，海盗似乎是一种习以为常的、甚至是非常荣耀的兼职工作。伊阿宋乘着阿耳戈号到科尔基斯抢夺金羊毛，阿喀琉斯夸耀自己在航海途中攻陷了 12 座都城，奥德修斯捣毁基科涅斯人的伊斯马罗斯城堡，杀了众多的市民并得到他们的妻子和数不清的财富。失败者的鲜血芬芳了胜利者的美酒，妇孺的哭泣悠扬了舞女的竖琴。依靠杀戮、掠夺、贩奴、殖民，古希腊世界越来越大。

　　1581 年 4 月，童贞女王伊丽莎白登上了"魔鬼海盗"的战舰，赐予私掠船①船长弗朗西斯·德雷克皇家爵士头衔，后于 1588 年晋升为海军中将。在榜样的激励之下，"归来讲述盛事，不成则永远不回"的英国海盗前仆后继，心甘情愿地成为女王陛下的海狗，英国迎来了一个"海盗时代"。近代意义的全球政治的丛林演绎，就是从伊丽莎白一世治下的英国开始的。除了杀戮、掠夺、贩奴、殖民，英国强盗的继任者们还有所创新，那就是在坚船利炮保护之下产销鸦片。

　　反观中国，著名的案例如郑和下西洋，经过 30 多个国家，从不曾以武力掠夺，而只是寻求贸易、文化交流和南洋之安全，②足以展现中国文化中的王道精神。再如当下的"丝绸之路经济带"和"21 世纪海上丝绸之路"，兼顾陆地与海洋，建立在中

---

　　①　国家颁发给私人船只的所有者（海盗们）一个许可，他们可以代表国王攻击敌方船只——也就是私掠者。但事实上很多私掠者在被敌国俘虏之后都会无视他们拥有的许可而被作为非法的歹徒审判。

　　②　郑和说："欲国家富强，不可置海洋于不顾。财富取之于海，危险亦来自于海。……一旦他国之君夺得南洋，华夏危矣。我国船队战无不胜，可用之扩大经商，制伏异域，使其不敢觊觎南洋也。"参见［法］弗朗索瓦·德勃雷《海外华人·序言》，赵喜鹏译，新华出版社 1982 年版。

国既是陆地国家又是海洋国家的历史土壤上，秉承和平合作、开放包容、互学互鉴、互利共赢精神，力求与沿线国家建成政治互信、经济融合、文化包容的利益共同体、命运共同体和责任共同体。

谈到此处，也许有人会形成这么一个体认：王道优于霸道。

是这样吗？

我想不是。我的观点是：于乱世之中求王道，迂；于和平时期求霸道，笨。

仍以伊丽莎白一世为例，女王所面对的是道不尽的苦楚。其时，西班牙的无敌舰队横行海上，兵力仅为西班牙的1/7左右的英国与荷兰、瑞典一样，同是侧翼欧洲的三流小国。其姊玛丽一世当政期间，内政外交亦仰西班牙之鼻息。女王登位之初，西班牙便给了她两个选择，要么嫁给西班牙国王姊夫菲利普二世，要么嫁给他指定的西班牙国戚。童贞女王自然不从，西班牙就去挑拨英国天主教徒和持不同政见者，刺杀她、制造骚乱甚至推翻她。她以国王的名义与海盗合流，既有经济利益的巨大需求，又有削弱西班牙实力的强烈驱动，顺便也算是通过游击的方式练兵。可以想象，如果在当时的欧洲丛林中她寻求王道，其结果将会是如何悲惨。

　　还有一个中国的故事：商鞅到秦国时，通过秦
孝公的亲信景监见到了孝公。开始两次，商鞅向孝
公讲述学尧舜等帝王之道，孝公听得直打瞌睡。商
鞅走后，孝公对景监生气地说："你的客人大言迂
腐，怎能用他呢？"景监责备商鞅，商鞅要求再见
孝公。这一次商鞅向孝公讲了称霸之道。孝公听了
很满意，又要求见商鞅。孝公对商鞅讲述的富国强
兵之道听得津津有味，不自觉地移动双膝凑近商
鞅，一连谈了几天都不厌烦。①

---

① 再举一个反证：公元前639年（周襄王十三年）春，宋、齐、楚
三国君主会于齐，在宋襄公的强烈要求下，三国同意于同年秋在宋国召开
诸侯大会。同年秋，宋襄公以盟主身份约楚成王以及陈国、蔡国、郑国、
许国、曹国之君在盂（今河南省睢县西北）会盟，齐国和鲁国借故未到。
宋襄公不顾公子目夷的建议，轻车简从赴会，以争取与会诸侯的信任，结
果在会场上遭到楚成王的突袭被擒。楚成王挟之进攻宋都商丘（今河南
省商丘市西南），宋军坚守，数月未下。不久，在鲁僖公的调停下，楚成
王于同年冬释放宋襄公。宋襄公回国后，不甘受楚之辱，亦未放弃争霸之
心，不顾公子目夷和公孙固的劝说，于公元前638年（周襄王十四年）
夏，联合卫国、许国、滕国三国进攻附楚的郑国。楚成王为救郑率军攻
宋。宋襄公遂由郑撤回迎战。当时，宋军已先在泓水北岸布好阵势，处于
有利态势，但宋襄公遵守"不排成打仗的阵列不能开始战斗"的陈旧观
念，在楚军渡河之际及渡河后尚未列阵之时，两次拒绝乘机出击的正确意
见，直待楚军从容布好阵势后才下令攻击，以致大败，襄公重伤，不久死
去，宋国由此失去了争霸的实力。

这个道理与孔子的经历有几分相似，他在战国之中推行王道，尽管尽心尽力，甚至知其不可为而为之，但没有被任何一个国君所采用。在他死去之后，形成统一了的汉朝皇帝却采纳了儒家的思想，何故？时势不同而已。

当下的时代是一个以和平和发展为主题的时代，所以，任何追求海洋霸权的行为都是不合时宜的。中国推出"一带一路"建设，创建了一个海陆统筹、东西互济、面向全球的开放新格局，无疑是世界之幸事、时代之幸事、人类之幸事。

三　海洋伦理之未来

梁漱溟先生曾为世界未来文化开了一个药方，那就是中国文化的复兴。"所谓中国文化复兴者非他，意指以伦理本位代自我中心，原来一味向外用力是人对物的态度，而不是人对人的态度。西洋人靠此态度制胜自然，是其成功，但用此态度对人除出现了势力均衡之民主制度外，大体上是失败的，特别在民族和国家间酿成大战，可能把人类毁灭了，把文化也毁灭了，那真算得文化上之彻底失败。"①

这个药方，想必也适用于未来的海洋伦理。

（一）脆弱的伦理：由海洋的公地悲剧谈起

1968 年，英国加勒特·哈丁教授（Garrett Hardin）在"The tragedy of the commons"一文中首先提出"公地悲剧"理论模型。其要义是公地作为一项资源或财产有许多拥有者，他们中的每一个都有使用权，但没有权力阻止其他人使用，从而造成资源过度使用和枯竭。对此略加审视，当下的雾霾、水污染，以及过度捕捞的渔业资源等事件应该均属"公地悲剧"的案例。

"公地悲剧"之所以叫悲剧，是因为每个当事人都知道资源将由于过度使用而枯竭，但每个人对阻止事态的继续恶化都感到无能为力，而且都抱着"及时捞一把"的心态加剧事态的恶化。学者们认为，公地悲剧发生的根源在于个人按自己的方式处置公共资源，也就是公产的私人利用方式。其实哈丁的本意也在于此，他所提出的对策是共同赞同的

---

① 梁漱溟：《中国文化的命运》，中信出版社 2016 年版，第 188—189 页。

相互强制、甚至政府强制，而不是私有化。

这种应对的建议妥当否？请看下面的事实：

　　公海受到联合国海洋法下的国际渔业协定
约束，由各区域的渔业管理组织负责管理。这
些组织理应控制公海的捕获量，并且负责保护
鱼源，但在大多数情况下，这些管理都是无效
的，像大西洋鲔类资源保护委员会就是其中一
个例子。……名不副实的大西洋鲔类资源保护
委员会，从 1970 年代开始记录鲔类捕获量，
从那时起，黑鲔的数量已经减少了 90% 以
上。……现在，这些鱼的价格是如此昂贵，以
至于足以支付雇人开着飞机或直升飞机巡视海
洋看到鱼后就引导渔船前往捕杀的成本。很明
显，这已经不是在捕鱼了，而根本就是在灭绝
一个物种。①

公海受到联合国海洋法下的国际渔业协定约
束——无效的管理——名不副实的大西洋鲔类资源

---

① ［英］卡鲁姆·罗伯茨：《假如海洋空荡荡：一部自我毁灭的人
类文明史》，吴佳其译，北京大学出版社 2016 年版，第 281—282 页。

保护委员会，这看起来又是一个悲剧，而且是为了避免悲剧发生而采取措施之后的悲剧。那么，为什么基于"共同赞同的相互强制"架构下的管理仍会无效呢？其直接原因大概有三点：一是强制力不够，或者说条约所约定条款因为保障措施不到位而无法被执行；其二，就是条约参与方私下达成新的利益分配方案，当然这个方案是有悖于制定条约的初衷；其三，条约的参与方没有涵盖利益相关方，或者新的利益主体出现打破了先前的平衡。这其中的第一和第二点，只是"共同赞同"主体之间心照不宣的相互纵容，是契约精神的缺失。第三点，则又引出一个更为宏大的问题，那就是制度的本身是无法完备的，理论上和事实上都是如此。

如果我们再深入探讨一下，是什么导致了契约精神的缺失？这个恐怕主要涉及义利观的问题。下面，我们就先从君子和小人说起。

孔子"君子"与"小人"的说法误导了太多的人，但过错不在夫子本身，而在于这些被误导的人自己。在我看来，孔夫子所说的君子与小人并不是两个对立的存在，而应该是一个过渡性、流变性的存在。简而言之，就是人的发展过程是一个"先小人而后君子"过程，或是一个"小人"和"君子"反复冲突的过程。一个人的独立人格，到了君子的层面才是圆满的，但我们不能幻想人人生来就是君子，更不能指望人人都成为君子。即便是作为小人而存在，也不是不可以，甚至说还是合理的、合乎现实的，因为一则"君子之德风，小人之德草，草上之风，必偃"，二则小人遵从伦理约束即可，并不要求在道德层面的深入。

至于孔子主张的"君子喻于义，小人喻于利"，应该是一种教导的方法，而非一种评价性的判断。因为"君子怀德，小人怀土；君子怀刑，小人怀惠"，对于"怀德""怀刑"者，使之知晓义，对于"怀土""怀惠"者，使之知晓见利思义。也许有人会对此表示反对，说我故意遮蔽掉了孔子对小人逐利所采取的批判的态度，但事实上孔子并不反对人们对"利"的追求。作为孔子的得意门生，子贡就曾经商于曹、鲁两国之间，富致千金。所以孔子所主张的，是利与义的统一，如同《易传》中说的"利者，义之和也"一样。所谓"君子爱财，取之有道"，也是此理。

十分不幸的是，在儒学的传承过程中，孔子原来的义利观逐渐被扭曲了，人们把"义"划拨到"天理"，把"利"划拨到"人欲"，进而将此置于

"存天理，灭人欲"的规范之下，结果呢，生生地造出了诸多荒唐之事，至今令人气结。胡适先生厉声质问："用一种假的信仰，去欺哄一个贫穷的叫花子，使他愿意在困苦的生活中生存或死亡，这叫做道德文明精神文明吗？"①

所以，只讲利而不讲义是不可取的，只讲义而不讲利也是不实际的。对利益的协调，绝非是利益分配者之间的均衡即可，而应有据于义的达成。

伦理的脆弱，不是我们将其抛弃的理由，而是我们应该予以加强的理由。毕竟，一块肉对于一条饥饿的小狗，与一块肉对于一个饥饿的文明人，两者的心理状态和随后的行为模式一定会有所不同。

（二）求内务外的海洋伦理之建构

当人类从蒙昧走向文明之后，似乎一直纠缠于两种自然观：一种是略带傲慢的人类中心主义，一种是浪漫多情的自然主义。至于纠缠的原因，我认为其实不是因为两者之间具有不可调和性，而在于两者貌似赌气般地极端化倾向。

---

① 胡适：《信心与反省——胡适谈传统》，北京联合出版公司2016年版，第146页。

毫无疑问，人类必须为自己的存在发展而努力，那种把人类矮化到自然界花花草草地位的说教太过天真；但人类绝非自然的主宰者，顶多算作具有主观能动性的参与者。主宰自然的是道理，即常（恒）道或天理。① 这个认识，是求内务外的海洋伦理的基础。

那么，何谓求内务外的海洋伦理？且听我慢慢道来：

子夏问孝。子曰："色难。有事，弟子服其劳；有酒食，先生馔，曾是以为孝乎？"② 也就是说，真正的孝敬，不在于服侍父母是否周到，而在于怀着何种心态来服侍。比如《北史》所记载的隋炀帝杨广："初，上自以藩王，次不当立，每矫情饰行，以钓虚名，阴有夺宗之计。时高祖雅重文献皇后，而性忌妾媵；皇太子勇内多嬖幸，以此失爱。帝后庭有子皆不育之，示无私宠，取媚于后。大臣用事者，倾心与交。

---

① 常道之下有非常之道，天理之下有分殊之理，之所以这么划分，是因为非常之道或分殊之理适合于被限定的条件下，比如牛顿力学就不适用在可与光速比拟的高速和基本粒子量级的微观状态。道或理通过"赋形"创生万物，"万物负阴而抱阳，冲气以为和"中的阴、阳、和，与"形而上者谓之道，形而下者谓之器"中的道、器、形，也是我们认识的基点。

② 《论语·为政》。

中使至第，无贵贱，皆曲承颜色，申以厚礼。婢仆往来者，无不称其仁孝。"但婢仆往来者所称赞的杨广的"仁孝"，自然不是孔子所倡导的"孝"。

孔子还曾告诫子夏说："女为君子儒，无为小人儒。"① 对此，张居正解释说"君子儒"是"其学道固犹夫人也，但其心专务为己，不求人知，理有未明，便着实去讲求，德有未修，便着实去体验，都只在自己身心上用力，而略无干禄为名之心"，而"小人儒"则是"其学道亦犹夫人也，但其心专是为人，不肯务实，知得一理，便要人称之以为知，行得一事便要人誉之以为能，都只在外面矫饰而无近里着己之学"②。虽然讲得有道理，但没有切中孔子话语的关键所在，那就是要辨别那些合乎伦理的行为是否也合乎道德。

---

① 《论语·雍也》。

② 意思就是君子儒做学问，是专心在自己身心上下工夫，不求让别人知道。理有未明，就着实去讲求；德有未修，就着实去体验。学习不是为了求官求名求影响力，而是关注自己切实进步，这是君子儒。小人儒呢，他也努力做学问，但他做学问是一心要让别人知道自己有学问，所以不肯务实。知道一点道理，就赶紧要让别人晓得；有一点本事，就赶紧要让人夸誉。一心只在面子上矫饰，而不在里子里下工夫。人君若用了君子儒呢，他能守正奉公，实心为国，社稷苍生都能因他而得福。若用了小人儒呢，难免名不副实，欺上罔下，背公营私，乃至祸国殃民。

　　求内务外的海洋伦理，是一种既合乎德性又合乎道德的海洋伦理。也许对于这个界定很多人会感到疑惑，为什么要去建构一种"既合乎德性又合乎道德的海洋伦理"？其实原因很简单，就是因为关于海洋的伦理规范有诸多不被认可之处，其内在的价值冲突屡见不鲜。下面，我就结合一个案例谈一谈如此界定的理由。

　　1946 年 12 月，《国际捕鲸管制公约》签订，公约宣称"保护鲸类及其后代丰富的天然资源是全世界各国的利益"，设立了国际捕鲸委员会（IWC），设置了"受保护的和不受保护的鲸的种类""解禁期和禁渔期""解禁水域和禁渔水域（包括保护区的指定）""各种鲸的准捕大小的限制"等内容，其中关于"禁止捕获或击杀幼鲸或乳鲸，或伴随幼鲸和乳鲸的母鲸"等约定尽显伦理关怀。1983 年，国际捕鲸委员会规定全面禁止商业捕鲸行为，1986 年《禁止捕鲸公约》生效。[1] 此外，

----

　　① 国际捕鲸委员会（IWC）的 88 个成员国中，支持捕鲸的国家有 35 个。欧洲除了冰岛和挪威外全部反对，北美只有美国一个反捕鲸成员国，拉美有 1 个赞成捕鲸国和 13 个反对捕鲸国。大洋洲有 3 个反对国和 5 个支持国。至于亚洲，除了以色列和印度反对外，其他 8 个成员国均支持捕鲸，绝大多数非洲成员国同样支持捕鲸。

国际捕鲸委员会分别于 1979 年和 1994 年建立了印度洋鲸类保护区和南大洋鲸类保护区。

但是，尽管国际捕鲸委员会已经发布了商业捕鲸禁令，但许多国家并没有遵守，依旧我行我素大肆捕杀鲸鱼，如日本、挪威、冰岛等国。绿色和平的统计显示，自商业捕鲸禁令颁布以来，截至 2012 年，全球捕鲸国家共捕鲸 42414 头，其中日本以"科研捕鲸"的名义捕获 18221 头，超过全球捕鲸数量的 40%。

日本捕鲸的理由主要有三：一是他们的行为是公约所允许"科研捕鲸"行为；二是他们所捕的 80 余种鲸类不属于濒危灭绝的物种，属于增长过多的物种；三是从饮食文化与鲸的关系、日本文艺上的鲸元素、祭与民间文艺和鲸、信仰与鲸等角度来看，日本捕鲸具有"正当性"，日本的很多民众也视"反对捕鲸"为一种文化上的偏见。

根据已经披露的材料，日本所谓的"科研捕鲸"只是一个耐人寻味的谎言，而所谓"增长过多的物种"的说法还需综合评估，"正当性"的因素也值得讨论①，但是日本的捕鲸行为仍在继续。有

———

① 2011 年日本国立鲸类研究所捕获了 1000 多吨鲸肉，但在市场进行首次拍卖后，售出不到 1/4，75% 以上的鲸肉都在冷藏库里难以处理，日本人的饮食生活已远离鲸肉。

人分析说，日本这种行为的缘由是不想放弃他们所拥有权力的资源。这种分析不值得我们期待，因为它没有触及问题的根源。

我们就来探讨一下日本为捕鲸所提供的文化上的"正当性"：饮食文化、日本文艺、祭与民间文艺、信仰都与鲸相关，所以要通过捕鲸来维持或延续文化传统。这种"正当性"所使用的逻辑，与日本民众认为反对他们捕鲸是一种文化偏见如出一辙。但日本人似乎回避了另一个更为重要的前提，那就是延续他们文化传统的基础是鲸鱼的存在。如果所有国家都可以随意捕鲸，那么鲸鱼的灭绝将会及时到来。届时，日本关于鲸鱼的文化传统何以为继？

日本人或许会拿出捕鲸理由中的第二条来辩解：我们所猎捕的鲸鱼都是增长过多的物种啊。且不论"所猎捕的鲸鱼都是增长过多的物种"是否属实，即便存在有增长过多的鲸鱼物种，也是建立在很多国家约束自己不去捕杀或少量捕杀的基础之上。如同三个人守着一个苹果园，精心护理，结果秋天的收成要比往年高了许多。这时第四个人挎着篮子出现了，摘走了一小半，理由是苹果好多耶，而且他真的非常喜欢吃苹果。

所以，构建一种求内务外的海洋伦理，或者说是一种既合乎德性又合乎道德的海洋伦理，其基本条件应有：

1. 尊重海洋自身的德性。海洋玄而有容，动而有生，对此人类要有足够的尊重。围海造地、渔业捕捞、海洋矿业利用等行为，都需要认真对待、充分论证。[①] 例如，围填海造地最大的弊端是人为改变了海岸线的位置，而这些海岸线是海洋与陆地在千百万年的相互作用中，形成的一种理想的平衡状态，海岸线附近的湿地、近海生物等也受益于这种平衡。一旦人为地将海岸线前移，这种平衡便被打破了。如果作为屏障的小岛都消失了，沿海湿地更易受影响，甚至会引发赤潮、洪灾和海啸。此外还会出现生物多样性降低、渔业资源减少，以及引起城市地面沉降等问题。全球围海造陆最成功的范例当属荷兰，他们围海造陆已有 800 年的历史，被公认为是人类战胜自然的壮举；在亚洲，陆地资源贫

---

① 又例：国际捕鲸委员会的原住生活的捕捞限制规定楚科奇和华盛顿州原著居民在 2008 年到 2012 年允许捕杀东部北太平洋包括灰鲸的 620 种动物。而今，国际捕鲸委员会也允许丹麦，俄罗斯联邦，圣文森特和格林纳丁斯和美国进行生存捕鲸。传统上讲，鲸鱼对许多原住民是一个重要的生存资源。而如今，一些环保主义者认为这些配额有时是被滥用了。

乏的沿海国家和地区，如日本和韩国也都曾重视利用滩涂或海湾填海造地。而现在这些当初热衷围海造田的国家发现围海造田已经威胁海洋生态和海岸线存亡的时候，就陆续放缓甚至放弃这项工程，开始让近海环境休养生息。①

2. 要有人类共同价值的支撑。和平、发展、公平、正义、民主、自由，是全人类的共同价值。唯有契合于共同价值，海洋伦理才有可能被普遍接受。那种建立在自然法则之下的、强者决定一切的规范没有可持续性，因为它没有观照人类的福祉。不幸的是，即便是这么一个低限度的要求，往往还会被人类中的某些群体或个人所背弃，群体中的代表如日本的捕鲸船，个体中的例子比如在禁渔期偷

①　其中，荷兰占国土面积20%（约7000平方公里）的陆地是通过填海造陆形成，荷兰1950年到1985年间湿地损失了55%。湿地的丧失让荷兰在降解污染、调节气候的功能上出现许多环境问题，如近海污染问题、鸟类减少。1990年，荷兰农业部制定的《自然政策计划》，花费30年的时间恢复这个国家的“自然”。位于荷兰南部西斯海尔德水道两岸的部分堤坝将被推倒，一片围海造田得来的300公顷“开拓地”将再次被海水淹没，恢复为可供鸟类栖息的湿地。荷兰政府将围海造田的土地恢复成原来的湿地，这项方针就是要保护受围海造田的影响而急剧减少的动植物，并通过使过去的景观复原，为民众的生活增添亮丽的风景线。计划里的“生态长廊”，是要将过去的湿地与水边连锁性复原，建立起南北长达250公里的“以湿地为中心的生态系地带”。

偷捕鱼的渔民。

3. 就规范本身而言，需要不断的健全和完善。所谓的道德冲突或伦理疑难，大多是因为伦理规范自身的混乱或缺陷。而且很多伦理规范仅仅是用已知来衡量未知，用他律来挤兑自律，用多数来否定少数，从而导致了人的行为屡屡犯错。所以，健全完善规范的过程应是开放性的，既要充分考虑历史、当下与未来的因素，又要合理兼顾不同利益主体的自身诉求。

(三) 海洋伦理中的三个关系

求内务外的海洋伦理，既要面对人与海洋的关系，也要面对人与人的关系，还要面对人与己的关系。为了阐释的需要，我们先来重新梳理一下德性、道德、伦理。

德性就是万物的本性，存在于万物之中，是万物之所以是万物的原因，无善无恶；道德是人的内在规范，由人的德性中的"善端"扩充而成，作用于个体的行为、态度及其心理状态，知善知恶；而"伦理"为外在社会对人的行为的规范和要求，扬善避恶。

在《论语·学而》中，曾子讲过这么一句话：

"吾日三省吾身：为人谋而不忠乎？与朋友交而不信乎？传不习乎？"意思是"我每天多次反省自己的言行，替人家谋划的事不尽心尽力吗？和朋友交往不诚心诚意吗？对于老师的教诲自己有没有实践呢？"人们对此的解读是君子需严于律己，但是这个解释远远没有领会其中的真意。个人认为，曾子的"为人谋而不忠乎"求的是"仁"，"与朋友交而不信乎"求的是"义"，"传不习乎"求的是"行"。所以，"行仁义"是曾子"三省吾身"的第一层要义，即自己的行为是否符合仁义的规范。至于第二层，则是不仅仅是根据规范而行事，而是依据仁义之理而行事，就是"由仁义行"的意思。由此可见，"随心所欲不逾矩"的境界曾子似乎还没有达到。

下面我们开始讨论海洋伦理中的第一个关系：人与海洋的关系。

这个关系在前文已有所论述，其核心应是对"万物一体"的认识，或者说是否形成"一体性意识"。儒家主张把仁爱之心推向天地万物，达到仁者与天地万物为一体的境界。例如，《论语·述而》有载："子钓而不纲，弋不射宿。"孟子提出"君子之于物也，爱之而弗仁；于民也，仁之而弗亲。亲

亲而仁民，仁民而爱物""万物皆备于我"①。宋儒
也提出"仁者以天地万物为一体"的命题，程朱理
学、阳明心学都对"天地万物一体之仁"之说加以
进一步详化深化。② 这里的"万物一体"既有本体
论的实质，也有认识论的意味。

　　再次强调一下，人们对"万物一体"或者"一
体性意识"是有不同理解的：单就人海关系而言，
系统论视角下的"一体性意识"仍有主体和客体之
分别，其关注点是系统的动态平衡或持续性存在；
而基于心性发现基础上的"一体性意识"，则是消
解主体和客体之分别，主张心外无物、心即理也、
心物一体，人与海是在真正意义上的一体。

　　诺贝尔物理奖获得者汤川秀树曾说："生活在科
学文明之中，我们在原始自然界面前不再感到人的无
能了。另一方面，我们不得不担忧人类会不会沉没到
科学文明这种人类自造的第二个自然界中去了。如果

---

　　① 《孟子·尽心上》。

　　② 例如，王阳明认为，人的良知就是草木瓦石的良知。若草木瓦石
无人的良知，不可以为草木瓦石矣！岂惟草木瓦石为然，天地无人的良
知，亦不可为天地矣！盖天地万物与人原是一体，其发窍之最精处，是人
心一点灵明。风雨露雷、日月星辰、禽兽草木，山川土石，与人原只是一
体。故五谷禽兽之类，皆可以养人；药石之类，皆可以疗疾。只为此一
气，故能相通耳！

我们把'天地'看作包括第二自然界在内的自然界，并把'万物'看作包括人本身在内的话，老子的'天地不仁，以万物为刍狗'的声明则获得了新的和威胁性的意义。"① 汤川秀树先生的担忧似乎很有必要，尤其是对那些高傲的近乎野蛮的人来讲。如果说那些"庇护"海洋生物或生态的行为仅仅是基于效益最大化这个前提，那么人类的未来必将陷入迷失。

人与海洋的关系，从表面上看是人与自然的关系。但是，如果我们继续追溯，那就会发现人与海洋的关系的背后，其实就是人与人的关系。这也是我们所要探讨的第二个关系。

依照当下流行的观点，海洋伦理是通过规范与海洋相关的人与人之间的关系，从而获得社会秩序的维持，以及海洋生态和海洋资源的可持续开发与管理。这个观点的问题在于，它强调的是开发管理，对其背后的伦理精神或道德支撑讨论得不够。而且在事实层面，所谓的对海洋生态和海洋资源的可持续开发与管理，仍是以"霸道"来实现的。比如，美国人至今统领着世界海洋油气、矿藏开采的最新

① ［日］汤川秀树：《创造力与直觉——一个物理学家对东西方的考察》，周林东译，戈革校，河北科学技术出版社2000年版，第61页。

技术，并且不断加强、全面发展海洋科技，在诸多
领域独占鳌头，企图控制海洋，控制世界。早在 20
世纪 60 年代，以美国为首的西方发达国家就对世界
各大洋所有国际海底进行勘察，在国际海底肆意
"圈地"，全球锰结核最富海底矿区很快惨烈地被瓜
分完毕。随后，它们于 20 世纪末又开始了对更有价
值的海底矿产富钴结壳进行勘探。这是发达国家与
发展中国家在深海运载技术方面的竞争与较量，发
达国家凭借强势的海洋技术在海洋资源攫取方面遥
遥领先，这对发展中国家来讲的无疑是不公平的。

在丛林法则里，强者总会拥有一种唯我独尊的
道德优越感，但在事实上，它们却是在摧毁真正的
伦理精神和架构。在人与海洋的关系之中，单单把
海洋视为资源；在人与人的关系之中，单纯地认为
只是利益协调。也许这就是当下海洋伦理中存在诸
多争议的问题所在，人类普遍缺乏这一种对海洋应
有的源自内心的尊重以及行为上的善待。

印度有一个寓言故事，名字是《渔民与大海》：
渔民南图尼欧的父亲淹死在海里，他在悲痛之余仍决
计出海，地主的儿子表示不解："你们是怎么回事？一
个个都死在海里，却还要出海？"南图尼欧回答："你
的长辈都是在家里去世，可你现在还住在那个家里。"

故事里既有辛酸，也有荣耀，但尤为触动人心的，则是海洋与家园的比拟。人与事物、与生活、与海洋，乃至宇宙，天然地具有和谐诉求，这是一个越来越趋于自明的真理。王蒙先生曾在《勇者乐海》一文中说："也许我们会痛心中国久远的历史缺乏对海的了解和开拓，但也许我们会从中国的文化里看到另一面，就是说我们不是无条件地提倡竞争，提倡优胜劣汰，提倡适者生存。"

最后谈谈海洋伦理中的人与己的关系。

和朋友讨论时，有人认为儒家讲"修身齐家治国平天下"① 言过其实，如果说修身和齐家有关系

① 杨朝明认为："修身齐家治国平天下"可以视为对"大学之道"的概括，它也是儒家学说的精髓所在。儒家"修齐治平"之道也是自尧舜以来古圣先贤智慧的凝练与总结。因此它才能够在历代士人的心中深深扎根。无数的志士仁人都胸怀天下，心系苍生，他们有崇高的价值信念和高尚的理想追求，如北宋儒学家张载的"为天地立心、为生民立命、为往圣继绝学、为万世开太平"。

关于怎样修身的问题？《大学》给出的方式是：格物、致知、诚意、正心。"格物"要求"即物穷理"，在具体行为中增长见识；"致知"是在实际行动中探明本心，求得真知；"诚意"是在推致事物之理的基础上诚实意念；"正心"是去除各种"未安"的情绪，保持心灵的宁静。修"身"落脚于修"心"，由此提高品德修养，整齐家族家庭，实行仁政德治，最终求得天下太平。参见《修身齐家治国平天下》，载《光明日报》2016年12月1日。

　　的话尚可接受，说修身可以治国平天下就过分了。我的回应是，如果人不能真正地认识自己，那么人类的未来就会充满太多的迷茫。人类的任何行为，都需要有一定的价值支撑，正确地处理人与己的关系，是确立价值的基础。所以，对于修身的冷漠，以及由此而形成的对于外在的无限依靠，恰恰是当下的悲哀。换而言之，"行仁义"是不牢靠的，"由仁义行"才是人之为人的可贵之处。

　　当然，我们不能把"行仁义"与"由仁义行"完全割裂甚至对立起来，我所强调的，是人们需要倾听那种来自自己内心深处声音。马可·奥勒留·安东尼曾经在《沉思录·卷七》中告诫："善的源泉是在内心，如果你挖掘，它将汩汩地涌出。"修身，就是挖掘、培植你内心的善。无修身，则无伦理。海洋伦理亦如是。

结语

海洋于我

　　把结语定为"海洋于我"而非"我与海洋"，就是希望表达自己面对海洋之时应有的谦卑和敬畏。有"我本将心向明月"之倾慕，无"奈何明月照沟渠"之嘲讽。

一

　　或许和很多人一样，我对海洋的倾慕看似毫无端由。

　　依老人所言，家族的籍贯是甘肃安定郡，一个"秦时明月汉时关"的纷乱之地。或者是厌倦了战地胡笳的幽咽，或者是无奈于生计的窘迫，族人们走上了颠沛流离的迁徙之路：先陕西，再山西，而后中原。即便把他们的足迹追溯个遍，都找不出任何关于海洋的影子，但他们就这么在冥冥之中走近了海洋。

第一次见到真正的海是在一个细雨霏霏的下午，我从广州的渡口登上了"椰香公主"号客轮。直到晚饭之前，我都是在甲板上或站或坐，静静张望。船行于水上，水由浑浊变成蔚蓝，再由蔚蓝变为墨绿，巨大的水母在波浪中时隐时现。除了穹庐似的天空和连接海天的细雨，周围什么也没有。尽管耳边即是轰鸣的机舱，而内心深处却升腾起奇异的寂兮寥兮的感觉。

毕业之后来青岛工作，其中重要的原因就是可以临海而居。工作之初，我最喜欢的消遣是步行到栈桥，然后安坐于海边的长凳。如果是雨天，我偶尔会忍不住爬上学校新教四楼，在大玻璃窗前远眺迷蒙的大海。

在有关观海的记忆中，带给我更多欢乐的是租住在伏龙山上的那间逼仄的阁楼，50平方米的空间，仅有十余平方米可供直立行走。屋顶之上有一扇玻璃天窗，我巴望着每天晚上都可以仰望星空，但一场暴雨证明了这并不靠谱。然而在某一个清晨，我百无聊赖之中开窗探出头去，大海竟扑面而来。看的稍微久了一些，竟有一群骄傲的鸽子呼啸而至，咕咕地漫步于我的脸边。

二

爬上校园东侧的八关山顶峰也是个不错的观海方式，尤其在秋风萧瑟的午后。海天一色，近岸洪波浩浩，杳渺处沧流如滞，令人产生一种天地唯悠悠之感。我就此还填了一首词《调寄念奴娇》：

> 八关山上，飒然秋，一任寒蝉声歇。落木萧萧、连怒海，千里浪涛如雪。飙竖云飞，鱼龙乱舞，应是鲲鹏发。扶摇直向，九重琼玉宫阙。
>
> 勿语渺渺情怀，天凉秋正好，悠悠岁月。曾经少年、豪气没，此地再无轻侠。罢了繁华，且澄心笃学，封己桐叶。沧桑依旧，闲等人事俱灭。

在我的意识里，海洋如人，而毕淑敏索性把海洋视为天堂。她在《蓝色天堂》的扉页不无惋惜地写道，自己花了半生的积蓄买了张环球船票，而读者读它一页或几页就可以领略。初读至此我还暗自笑她有斤斤计较的嫌疑，但读完之后却心有戚戚：或许对她而言，有关海洋的情感已经列入私密。我想自己也应该是这样，只不过与她的形式不一而已。

有一位在北京工作的朋友，因为被派遣到国外长驻的原因来青岛辞行。我们在太平角的一个临海小店喝酒，听他诉说心中的激动和忧虑，直至沉醉。后来我写了一首古风送与他，并许诺待他回国之时依旧"置席崂山侧，杯杯满青溟"。他回复说收到此信时正好面对大海，顿觉春暖花开。

我曾把自己对海洋的感思告诉一位做海洋生物研究的朋友，他说仅仅以观瞻的方式体味海洋是不够的，其绚烂美丽和深邃悠远更在于内部和深处。我相信他的诚挚，而弃文从理确非所长，亦非所愿，真是令人遗憾。由此还想起了那位好龙的叶公，难道自己真的如他？

三

不过，如他又能怎样？

好似对老虎的喜欢或惊惧取决于你处于栅栏之外或之里，或许叶公对龙的喜欢也只能限于观瞻与体味。

观瞻是最质朴的"格物"。在科学昌明的今天，这种带有浪漫与主观色彩的体验方式日渐被表象化、边缘化，这应该不是什么幸事。我能理解人们对观瞻式体验的担忧：观瞻式的体验可以触发非凡的想象，也可以带来美感，或者是冥想式智慧，但这会在一定程度上削弱理性的介入；由观瞻所产生的想象不等于实像，但想象往往代替了实像。

这种基于"理性"的担忧在形式上拥有悲天悯人情怀，却在事实上剥离了人的感性以及诗性的存在。毫无疑问，人在体验和发现过程中需要逻辑或实证，但这绝非唯一。任何对某一认知世界方式的坚持走到了极端，都意味着其准确性和深刻性的丧失，无论是理性的还是非理性的。

所以，对海洋的观瞻是必要的，同时也应是一个观而有察、察而有觉的行为。至此，我突然觉到自己对海洋看似无端的倾慕其实是有原因的：除却它是生命之本的缘由之外，还因为它提供了一个可以进行无限的分析或遐思的空间。

赵进平教授在《壮美极地》一书中说北极的美景动人心魄，那里有高耸的雪山、壮丽的峡谷、银色的冰川，而与之相比，他所描绘的"无垠的冰海和久抑的波澜"更能带给我一种共鸣与震撼。

海洋有足够的古老，也有足够的睿智。每一个人都可以与海洋对话，而且也一定会得到有趣的回答。

不信就试试。

后　记

把陌生人变成熟悉的人，这是人生的常态，而我却擅长把熟悉的人变为陌生人，这大概是自己既讷于言又拙于行的缘故。所以，我要把第一本小书郑重地献给我的朋友们。

这本小书的写作起点应该是 2012 年夏，浙江省海洋文化研究会在舟山召开会议，我提交了一篇会议论文之后竟然得以入场并收获颇丰。2013年初，在校报王淑芳老师的鼓励下开辟了"对话海洋"个人专栏，陆续发表的几篇短文就是此书的构架。2016 年底基本完稿，又反复修改至今。文中很多观点，是与陈鼒教授午餐时交谈所得，幸甚。

由于我一向不喜当下西式文论，觉得其明理尚可，意蕴不足，若食肥肉，饱则可饱，却难以下咽。所以，我的整个写作过程显得很随意，文字也比较随意。那些让自己累也让读者累的文字，尽量不写。这实非对读者的怠慢，而是一种真诚。

　　但愿这不是一个落寞的结尾。

梁纯生

2017 年 7 月 10 日

于青岛九水